Mohammad Arif Sobhan Bhuiyan
Mamun Bin Ibne Reaz
Md. Torikul Islam Badal

Arquitetura PLL:

Mohammad Arif Sobhan Bhuiyan
Mamun Bin Ibne Reaz
Md. Torikul Islam Badal

Arquitetura PLL:

Escolha dos Engenheiros

ScienciaScripts

Imprint

Any brand names and product names mentioned in this book are subject to trademark, brand or patent protection and are trademarks or registered trademarks of their respective holders. The use of brand names, product names, common names, trade names, product descriptions etc. even without a particular marking in this work is in no way to be construed to mean that such names may be regarded as unrestricted in respect of trademark and brand protection legislation and could thus be used by anyone.

Cover image: www.ingimage.com

This book is a translation from the original published under ISBN 978-620-2-31827-3.

Publisher:
Sciencia Scripts
is a trademark of
Dodo Books Indian Ocean Ltd. and OmniScriptum S.R.L publishing group

120 High Road, East Finchley, London, N2 9ED, United Kingdom
Str. Armeneasca 28/1, office 1, Chisinau MD-2012, Republic of Moldova, Europe
Printed at: see last page
ISBN: 978-620-8-03638-6

ÍNDICE

Capítulo 1   2

Capítulo 2   3

Capítulo 3   6

Capítulo 4   17

Capítulo 5   25

Capítulo 6   37

Capítulo 7   46

Capítulo 1

LOOP BLOQUEADO POR FASE

Um circuito de bloqueio de fase (PLL) é um sistema de controlo que gera um sinal de saída cuja fase está relacionada com a fase de um sinal de entrada de referência. Basicamente, pode ser visualizado como um circuito eletrónico constituído por um oscilador de frequência variável, um detetor de fase, uma bomba de carga, um filtro de laço e um circuito divisor de frequência, como se mostra na Figura 1. O oscilador gera um sinal periódico. O detetor de fase compara a fase desse sinal com a fase do sinal periódico de referência e ajusta o oscilador de modo a manter as fases emparelhadas através da bomba de carga e do filtro de laço. A frequência de saída, após a divisão de frequência adequada pelo divisor de frequência, é realimentada para a entrada do detetor de fase que forma um circuito. Consequentemente, juntamente com os sinais de sincronização, um loop bloqueado por fase pode seguir uma frequência de entrada ou pode criar uma frequência que é um múltiplo da frequência de entrada.

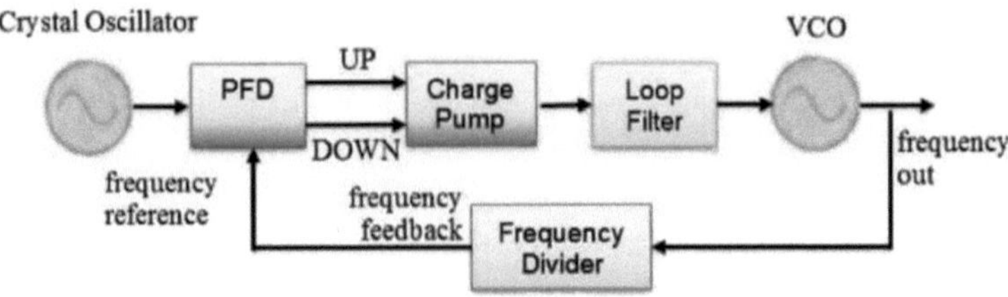

Figura 1 Circuito bloqueado de fase de uma bomba de carga típica.

Fonte: (Minhad et al. 2015)

Capítulo 2

ARQUITECTURAS DE LAÇOS BLOQUEADOS POR FASE

Um loop bloqueado por fase é um sistema de feedback no qual um comparador ou detetor de fase aciona um VCO num loop de feedback para fazer com que a frequência (ou fase) do oscilador siga com precisão a de uma frequência de referência aplicada. Um circuito de filtro é normalmente necessário para integrar e suavizar o sinal de erro positivo ou negativo - e promover a estabilidade do loop. Um divisor de frequência é frequentemente incluído no caminho de feedback para estabelecer a frequência de saída (dentro da gama do VCO) como um múltiplo da frequência de referência. O divisor pode ser implementado de modo a que o múltiplo de frequência, N, seja um número inteiro ou fracionário, caracterizando o PLL como um PLL inteiro-N ou um PLL fracionário-N. Mas se a frequência do sinal de saída de um VCO fosse sempre previsível, sem variação, não haveria necessidade de utilizar o controlo de realimentação para corrigir o erro na frequência, o que é conhecido como sintetizador digital direto (DDS).

A técnica mais popular de síntese de frequência baseia-se no circuito bloqueado por fase (PLL). O loop é sincronizado ou bloqueado quando a fase do sinal de entrada, bem como a fase da saída do divisor de frequência, é igualada. A saída do VCO no **sintetizador N inteiro** é dividida e bloqueada em fase para um sinal de referência estável. Uma vez que o loop está bloqueado, a saída é igual à frequência de referência vezes N. O PLL mostrado na Figura 2 é chamado de PLL integer-N porque o divisor de feedback (o divisor N) só pode assumir valores inteiros.

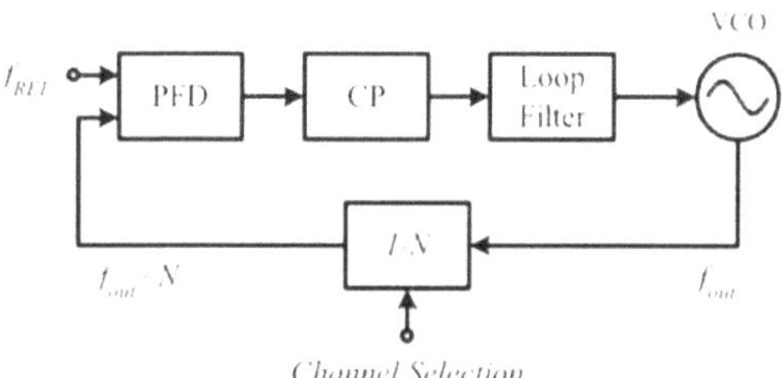

Figura 2 Arquitetura Integer-N.

Fonte: (Minhad et al. 2015)

O divisor "N" divide a frequência de saída para baixo para igualar o PFD ou a frequência de referência. Pode dividir diretamente por um número inteiro - ou, cada vez mais, ser implementado como um divisor fracionário. A estratégia N inteiro é preferida devido ao seu design simples para reduzir o consumo de energia e a área da matriz. Esta arquitetura não pode escolher a fREF arbitrariamente, o que constitui a sua principal desvantagem. A fREF máxima possível é calculada da seguinte forma: Em primeiro lugar, as frequências dos canais têm de ser múltiplos inteiros de fREF, mas, ao mesmo tempo, o espaçamento entre canais também tem de ser um múltiplo inteiro de fREF. Para satisfazer ambas as condições, a fREF tem de ser o maior divisor comum (GCD) da frequência do canal e do espaçamento do canal. Por exemplo, a norma Wireless LAN 802.11b especifica canais de 2412 MHz a 2472 MHz em passos de 5 MHz. Assim, a fREF máxima possível é GCD (2412 MHz, 5 MHz) = 1 MHz. Para um exemplo diferente,

A norma Wireless LAN 802.11a especifica um canal a 5805 MHz e um passo de 20 MHz. Neste caso, a f REF máxima possível é GCD (5805 MHz, 20 MHz) = 5 MHz.

A desvantagem básica do sintetizador N inteiro levou os investigadores a introduzir outra arquitetura designada por sintetizador N fracionário. A arquitetura **do sintetizador N fracionário** resolve este problema permitindo rácios de realimentação fraccionários. O sintetizador N fraccionado, como se mostra na Figura 3, tem um divisor de módulo duplo que pode alternar a sua razão de divisão entre N e N + 1. Dividindo a frequência do VCO por N durante K ciclos do VCO e por N + 1 durante (2^k - K) ciclos do VCO, é possível tornar a razão de divisão média igual a ($N+K/2^k$), assumindo um acumulador de k bits que controla o prescaler. Assim, f_{out} = (N + α) fREF com 0 < α < 1.

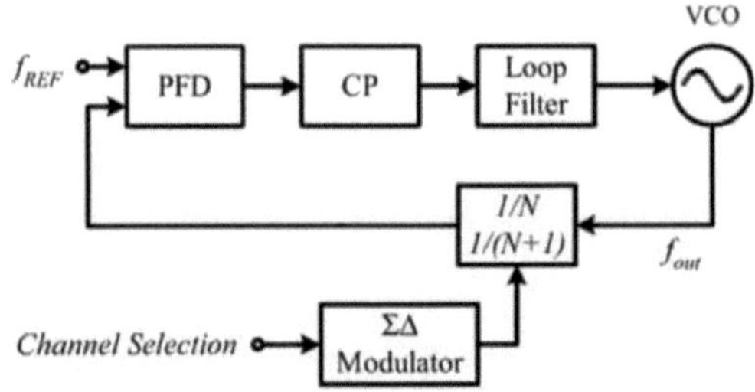

Figura 3 Arquitetura N-fraccionada.

Fonte: (Rhee et al. 2011)

Um circuito de controlo de realimentação é geralmente utilizado em sintetizadores de frequência porque a frequência de saída de um VCO não é constante devido a excitações indesejadas. Se a frequência do sinal de saída de um VCO puder ser previsível, a necessidade de utilizar o controlo de realimentação deixa de existir. Isto implica que a saída do VCO é diretamente utilizável como saída final do sintetizador de frequências. Neste sistema hipotético, a estabilidade e o tempo de estabilização serão considerações de projeto menos importantes. O tempo de estabilização seria apenas limitado pelo atraso da porta da entrada de seleção do canal. O sintetizador digital direto (DDS) baseia-se nesta teoria, que gera o seu sinal de saída em formato digital e o traduz numa forma de onda analógica utilizando um conversor digital-analógico (DAC) e um filtro passa-baixo, como se mostra na figura 4. Além disso, tem outras vantagens, como o baixo ruído de fase e a possibilidade de modulação digital direta. O DDS é uma escolha adequada quando a frequência portadora tem de ser fixada muito rapidamente com um ruído de fase muito baixo. Mas a desvantagem mais vulnerável do DDS é a sua velocidade, uma vez que o relógio do circuito digital tem de ser pelo menos duas vezes superior à frequência de saída. Operar um ROM e um DAC a 4,8 GHz para gerar um sinal de saída de 2,4 GHz é muito crucial e consome muita energia. Além disso, o grande ruído de quantização e a distorção harmónica dos DACs de alta velocidade podem degradar o sinal de saída. No entanto, é uma escolha luxuosa, uma vez que necessita também de um PLL analógico extra e de misturadores de alta frequência.

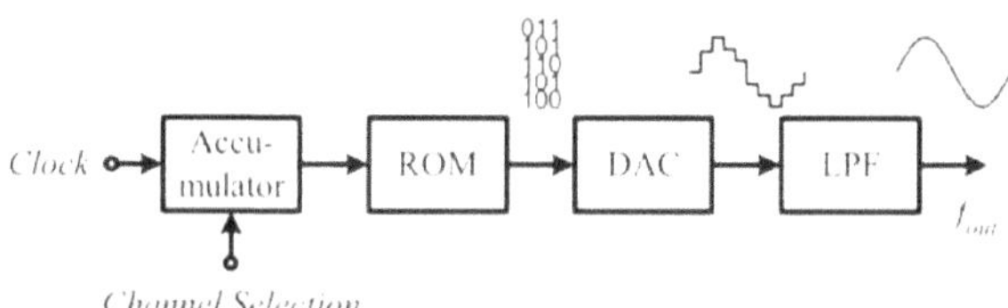

Figura 4 Arquitetura do sintetizador digital direto.

Fonte: (Hegazi et al. 1998)

<h1 style="text-align:center">Capítulo 3</h1>

DETECTOR DE FREQUÊNCIA DE FASE

Um detetor de frequência de fase é um dispositivo que compara a fase de dois sinais de entrada e gera uma saída em função da diferença de fase das entradas. Normalmente, uma das entradas provém de um oscilador controlado por tensão (VCO) e a outra de algumas fontes externas, como um gerador de relógio. O desempenho do PFD é avaliado pela zona cega e pela zona morta, juntamente com o consumo de energia habitual, o tamanho, etc.

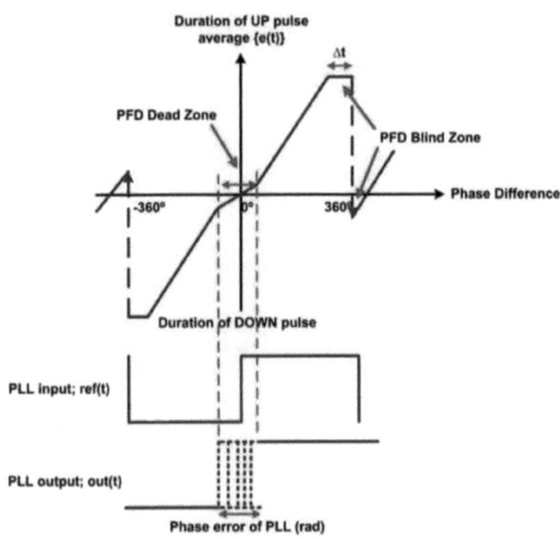

Figura 5 Caraterísticas de transferência de fase PFD.

Fonte: (Minhad et al. 2015)

A figura 5 mostra as caraterísticas da zona morta e da zona cega na transferência de fase. A zona morta pode ser explicada como a região onde as diferenças de fase mais pequenas do detetor não podem ser detectadas devido à baixa sensibilidade do detetor. A dimensão da zona morta influencia a sensibilidade efectiva de um PFD e faz com que o PLL bloqueie numa fase errada (Chen et al. 2010). As técnicas de eliminação da zona morta no sistema PLL incluem a adição de um atraso adequado no caminho de reinicialização do PFD e tornar este caminho de reinicialização mais longo do que o tempo de comutação da corrente da bomba de carga e activando os sinais UP e DOWN simultaneamente apenas por um curto período de tempo que será suficiente para ligar os interruptores do CP para carregar e descarregar a capacitância de carga (Soh & Edwin 2009). A redução da zona morta pode melhorar a sensibilidade do PFD à frequência.

A inserção de um atraso insuficiente nos circuitos PFD para a eliminação da zona morta pode provocar efeitos de zona cega. A zona cega torna-se mais crítica no funcionamento a alta frequência para a gama de bloqueio de fase PLL rápido. Em caso de "cegueira", o bordo ascendente da fase principal cai na região de reinicialização (impulso de reinicialização gerado por quaisquer elementos de atraso no circuito). Durante o processo de reinicialização, o PFD não consegue detetar o sinal principal, pelo que trata o seguinte sinal atrasado como o principal e gera informação de fase invertida. O circuito PFD é cego durante o modo de reset, mesmo que o período (Δt) ocorra apenas por pico segundos. O ponto cego é a região próxima de $\pm\, 2\pi$ em que o bordo de ataque de um ciclo subsequente chega durante o reset do PFD e faz com que as saídas do PFD saturem prematuramente por Δt (Perrott 2009).

A conceção do PFD depende sobretudo das aplicações e pode ser classificada, grosso modo, como multiplicador analógico, baseado em XOR e PFD dinâmico. O multiplicador analógico implementado no misturador, por exemplo, o misturador de Gilbert comporta-se como detetor de fase quando sinais não modulados de frequência idêntica são aplicados às suas duas entradas (Abou El-Atta et al. 2002). Este circuito produz uma saída cuja componente DC é proporcional à diferença de fase entre as duas entradas. No entanto, a existência de dispositivos passivos como as resistências aumenta a área de projeto. Além disso, é incapaz de detetar a diferença de frequência entre duas entradas.

A classificação seguinte do PFD é baseada no XOR, que é adequado para o relógio de alta velocidade e a recuperação de dados (CDR), como explicitamente discutido por (Razavi 2002). Se for implementado num sistema PLL, tem a limitação de identificar qual a entrada que muda primeiro e não sabe qual o sinal de avanço ou de atraso específico devido aos dois valores extremos $0°$ e $180°$ de uma porta XOR. Qualquer diferença de fase superior a $180°$ é identificada como uma diferença de fase real menos $180°$. Por exemplo, uma diferença de fase de $270°$ será interpretada como $90°$. Além disso, o PFD baseado em XOR pode ser utilizado para identificar a diferença de fase, mas não a diferença de frequência. Por exemplo, se a frequência do sinal de referência introduzido for de 50 MHz e a frequência do sinal de retorno (saída do VCO gerado) for de 100 MHz, o detetor XOR continuará a produzir uma saída de 50 MHz, independentemente de estas duas frequências de entrada serem trocadas, o que poderá comprometer determinadas aplicações do sistema.

O PFD lógico dinâmico é uma escolha popular para melhorar o sistema PLL, para obter um bloqueio rápido do PLL, para manter a supressão óptima de tremores no bloqueio e para obter operações PLL multi-gigahertz (Mansuri et al. 2001). A vantagem do PFD de lógica dinâmica sobre os outros PDs inclui uma maior precisão e um menor número de transístores utilizados. Por conseguinte, consome pouca energia. O circuito lógico dinâmico tem um atraso de propagação menor, o que o torna a escolha preferida para aplicações de elevado desempenho. Além disso, os PFD dinâmicos são acionados por transições digitais (bordos) e são mais flexíveis quando lidam com sinais quadrados em comparação com os detectores de fase analógicos e outros detectores de fase digitais.

Existem alguns tipos principais de PFD dinâmicos e um deles é o PFD sem relógio (nc-PFD), tal como referido por (Chou et al. 2004). Não tem caminho de realimentação e os circuitos simples tornam-no capaz de funcionar a altas frequências. O PFD sem relógio tem quatro tipos de estados de saída, pelo que tem tendência para produzir desfasamentos de corrente que podem aumentar a dissipação de potência dinâmica. A saída do nc-PFD depende da largura de pulso dos sinais de entrada. Assim, o ciclo de trabalho afectará as caraterísticas de fase (Johansson 1998).

A lógica do PFD de relógio único verdadeiro (tspc-PFD) funciona com apenas um relógio, pelo que não é necessário um relógio invertido. O Tspc-PFD utiliza um número muito reduzido de transístores. Em funcionamento a alta velocidade, a dissipação de energia é baixa devido à ligação curta do sinal desde a entrada até ao percurso de saída. Independentemente de ser acionado por uma borda positiva ou por uma borda negativa, deseja-se uma borda de relógio nítida.

O PFD de pré-carga (pt-PFD) tem um melhor desempenho em termos de propriedade de deteção de fase. No entanto, o pt-PFD tem uma maior sensibilidade à diferença de fase em comparação com o nc-PFD e os PFDs convencionais. A sensibilidade à diferença de fase é analisada nas secções seguintes.

Nos circuitos PFD práticos, é necessário introduzir um atraso adicional para eliminar o problema da zona morta. Geralmente, existem duas técnicas comuns para implementar a inserção de elementos de atraso (DEs) no circuito; (1) nos caminhos do sinal de entrada dos PFDs para recuperar as bordas ascendentes de entrada que chegam durante o reset (2) nos caminhos do sinal de saída dos PFDs para evitar que os circuitos UP e DOWN se desliguem ao mesmo tempo (modo de reset), o que afectará a corrente na bomba de carga.

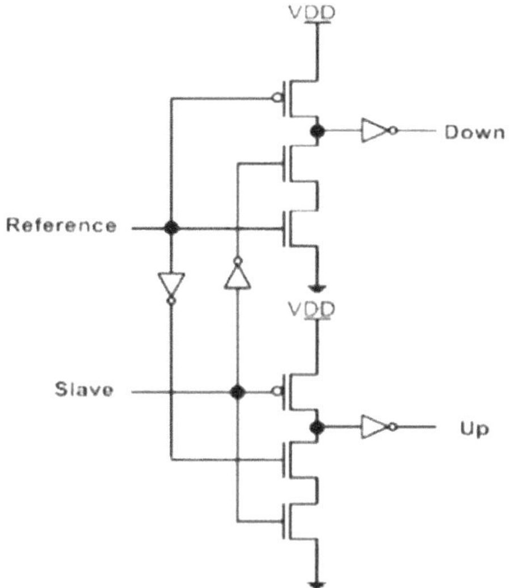

Figura   6FD nc de Henrik   com desvio de fase de π -rad.

Fonte: (Johansson 1998)

Um PFD representado na Figura 6 é constituído por um estágio sem relógio (nc) e um elemento de atraso (ou qualquer número ímpar de atrasos) inserido na referência e a entrada escrava destina-se a remover a zona morta nas caraterísticas de fase em torno do erro de fase rad (Johansson 1998). A topologia é muito simples e não fornece nenhum circuito de realimentação. Tem inconvenientes quando a saída depende da largura de impulso dos sinais de entrada. Por exemplo, quando os sinais de referência e de realimentação têm o mesmo ciclo de funcionamento, a diferença de fase não é detectada e, se ambos os sinais tiverem ciclos de funcionamento diferentes, o desvio de fase registado é diferente de zero. A sensibilidade à frequência do nc-PFD é a mais baixa em comparação com o PFD convencional e o pt- PFD e pode conduzir a um falso bloqueio de um PLL em funcionamento.

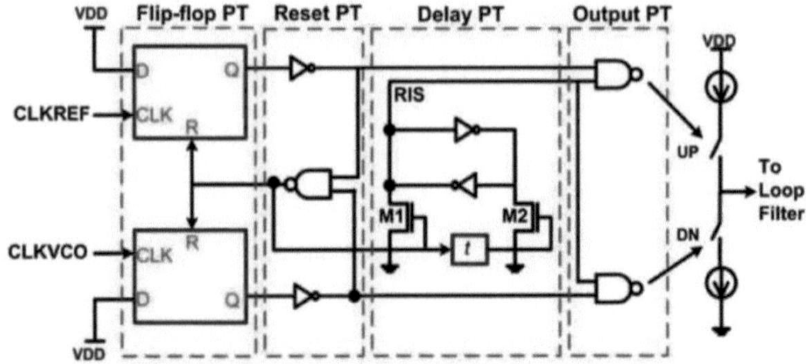

Figura 7 PFD com impulso de atraso pré-determinado.

Fonte: (Lee et al. 2003)

O PFD com elemento de atraso pré-determinado é proposto por (Lee et al. 2003), como mostra a Figura 7. É composto por quatro partes principais: a parte do flip-flop (semelhante ao PFD convencional), a parte do reset, a parte do atraso e a parte da saída. A porta NOR com inversor compreende a parte de reset que produz o pulso de reset. O impulso de reinicialização ativa a parte de atraso que inclui elementos de atraso (inversor M1 e M2) para atrasar o sinal de reinicialização por um período de tempo pré-determinado para remover a zona morta. A parte de saída é constituída por duas portas NAND que processam a saída invertida do flip-flop superior e inferior, respetivamente, e que se combinam logicamente com o sinal RIS para produzir o sinal UP ou DN. Se RIS for lógico 0, UP e DN são incondicionalmente lógicos 1; caso contrário, seguem as saídas dos flip-flops. Embora se obtenha um tempo de bloqueio rápido, esta abordagem pode fazer com que a bomba de carga tenha dificuldade em determinar o valor do atraso para funcionar com precisão. No entanto, esta abordagem dá liberdade aos projectistas para compensar certas desvantagens, como o consumo de energia, com flexibilidade na conceção do CPPLL.

O PFD típico gera um pequeno impulso curto para evitar a zona morta durante o bloqueio PLL. A técnica comum consiste em implementar uma inserção de atraso suficiente para gerar impulsos curtos no percurso de reinicialização do PFD. Tem inconvenientes quando a gama de comparação de fase válida se torna inferior a $\pm 2\pi$. O PFD convencional pode gerar um sinal de controlo errado se a diferença de fase de entrada for superior a $2\pi - \Delta$. Para ultrapassar este inconveniente, foi utilizado um atraso não inversor empregue em (Mansuri et al. 2001) e inserido no PFD pré-carregado (pt-PFD) comummente utilizado, tal como ilustrado na Figura 8 (Tak et al. 2005). Tem uma precisão mais elevada do que os PFDs anteriores baseados em trincos e também consome menos energia. As caraterísticas do PFD mostram que os sinais de controlo podem ser gerados eficazmente mesmo quando a diferença de fase entre os dois relógios de entrada é significativamente próxima de 2.

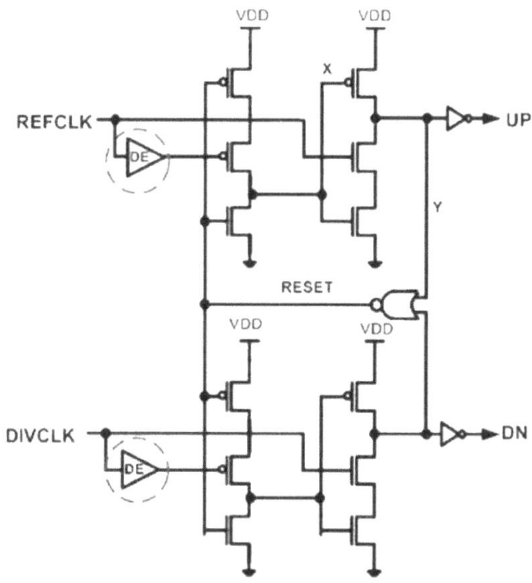

Figura 8 PFD pré-carregado (pt-PFD) com elemento de atraso invertido.

Fonte: (Tak et al. 2005)

Um resistor de fonte comum pode ser implementado para substituir a fonte de corrente de cauda usada nas portas CML convencionais. Foi usado um PFD convencional construído usando portas NOR mostradas na Figura 9a. A porta AND no caminho de reset utilizou um resistor de fonte comum representado na Figura 9b (Milicevic & MacEachern 2008). O principal objetivo da modificação foi minimizar a área de layout e minimizar o conteúdo de baixa frequência do ruído proveniente do circuito. A zona morta do PFD simulado foi eliminada, enquanto a região linear se estendeu por mais de 2π radianos de erro de fase.

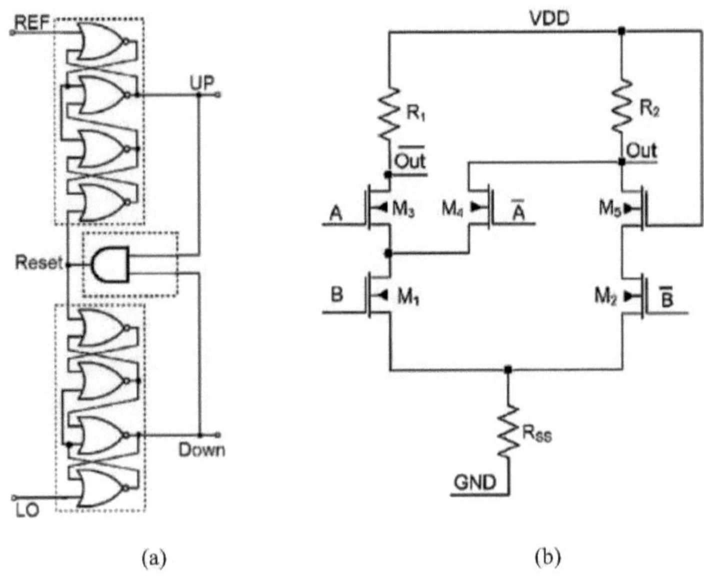

Figura 9 PFD com a) elemento de atraso do resistor CS e b) estrutura da porta AND.

Fonte: (Milicevic e MacEachern 2008)

Para resolver o deslizamento do ciclo PLL, a extensão para a gama linear do PFD pode ser uma solução, porque se a diferença de fase de ambas as entradas exceder a região linear do PFD, isso pode causar a sobreposição das alterações nas entradas pelos PFDs convencionais. Foi introduzido um circuito adicional para detetar os bordos em falta, caso existam. Um PFDCP extensível de gama linear (LRE-PFDCP) proposto por (Liu, et al. 2011) consiste num PFD convencional incorporado com um detetor de bordos em falta (MED) e um contador de impulsos (PC). O diagrama de blocos está representado na Figura 10. Este método ajudou a atenuar o problema da gama linear limitada na deteção do erro de fase de entrada do PFD. Assim, o tempo de aquisição da frequência PLL pode ser melhorado.

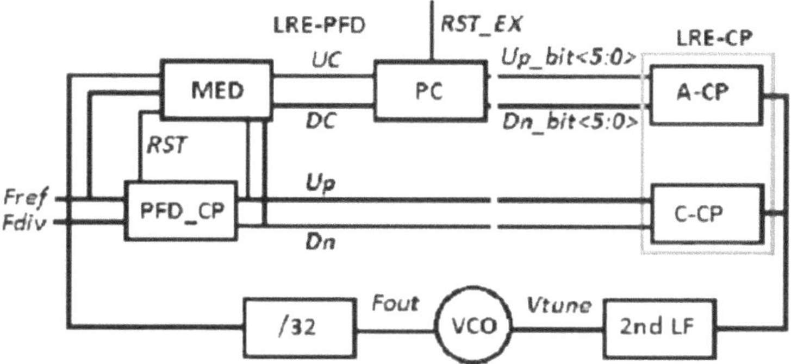

Figura 10 PFD com detetor de bordos em falta e contador de impulsos incorporados.

Fonte: (Liu et al. 2011)

Existem também métodos relatados para melhorar qualquer projeto convencional de PFD tri-state através da introdução de um circuito adicional, como demonstrado por (Hsu et al. 2011), como se mostra na Figura 11. Foi utilizado um PD de subamostragem para suprimir o ruído do PFD em banda, a fim de permitir PLLs de banda larga com ruído de fase em banda muito baixo e baixa instabilidade. Basicamente, o detetor de fase de subamostragem irá amostrar a tensão do sinal VCO pelo sinal de referência. O resultado da diferença destes sinais será convertido num sinal de corrente com um transcondutor (Gm), como se mostra na Figura 12. Os sinais marcados como 0i, 0.s· e 0/t desempenham o papel de filtro de amostragem e retenção na saída do transcondutor (usado para reduzir a ondulação de referência causada pela subamostragem PD). Estes sinais são também utilizados para controlar o ganho do DP de subamostragem. Este método mantém com sucesso a capacidade de bloqueio de frequência do PFD convencional.

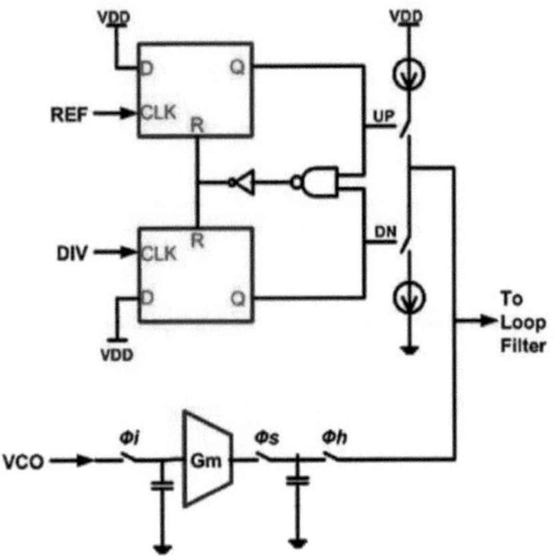

Figura 11 PFD com circuito PD de subamostragem incorporado.

Fonte: (Hsu et al. 2011)

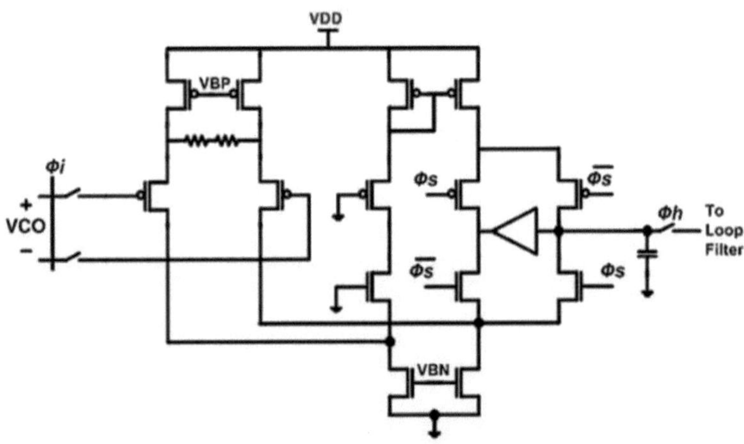

Figura 12 Projeto do circuito transcondutor.

Fonte: (Hsu et al. 2011)

O desempenho do estado da arte dos circuitos detectores de frequência de fase está resumido na Tabela 1.

Tabela 1 Comparação do desempenho dos circuitos PFD.

Ref	CMOS process (μm)	Power supply (V)	Power dissipation (W)	Deadzone (ps)
Ismail & Othman (2009)	0.18	1.8	6.6μ	0
Soh et al (2008)	0.18	1.8	-	120
Chen et al. (2010)	0.13	1.2	0.496	61
Thakore et al (2011)	0.18	1.2	870p	2
Xiangning et al (2012)	0.18	1.0	3m	0
Chen & Chen (2007)	0.18	1.8	1.56m	-
Hsu et al. (2011)	65nm	1.08	8.8m	1
Tasca et al. (2011)	65 nm	1.2	4.5m	0
Tsai et al. (2012).	65nm	1.2	63m	-
Liu et al. (2011)	0.18	1.1	8.8m	0

Nos primeiros anos, o processo de comutação nos PFD convencionais sofria de elevada dissipação de energia, maior atraso e maior zona morta. A maior parte das questões relacionadas com os parâmetros críticos do PFD foram resolvidas nas estruturas dinâmicas do PFD. Existem algumas abordagens de conceção de PFD dinâmicos, incluindo o PFD sem relógio (nc-PFD), o PFD com um único impulso verdadeiro (tspc-PFD), o PFD de pré-carga (pt-PFD), o PFD de borda descendente (fe-PFD) e os PFDs baseados em trincos. A tendência recente é adicionar circuitos complementares aos circuitos PFD existentes para aumentar o desempenho.

O quadro 1 apresenta a comparação do desempenho de vários tipos de detectores registados nos últimos anos. Para uma análise rápida, foram cuidadosamente delineados parâmetros importantes do PFD, incluindo o tamanho da zona morta, a frequência máxima de funcionamento e o seu impacto na frequência de saída do PLL, o consumo total de energia do PFD (ou o nível do PLL indicado), a potência de entrada e a tecnologia de processo CMOS. A partir da tabela de comparação, podemos deduzir que a frequência de operação do PFD de 50 - 100 MHz em (Liu et al. 2010; Chen et al. 2010; Ismail & Othman 2009; Tasca et al. 2011) operou com sucesso o sistema PLL até a frequência de saída de 5 GHz. As implementações destes trabalhos têm sido amplamente utilizadas em normas de comunicação sem fios, tais como GSM, DCS-1800, WLAN IEEE 802.11a/b/g/n e Bluetooth. O PFD deve ser capaz de processar sinais de entrada de referência de muito alta velocidade entre 300 MHz e 500 MHz de gama de frequências para gerar frequências de saída PLL de 9 GHz, 6,12 GHz e 104,58 GHz, respetivamente (Tak et al. 2005; Chou et al. 2004; Tsai & Liu 2012).

Na maioria dos projectos de PFD, o tamanho da zona morta e os efeitos da zona cega são sempre tidos em conta de forma adequada. Uma aquisição rápida da frequência PLL e uma saída menos instável podem ser conseguidas resolvendo cuidadosamente o problema da zona cega, ao mesmo tempo que ajuda a manter a gama linear do PFD (Jeon et al. 1998). O PFD dinâmico é a escolha mais aceite em aplicações de funcionamento a alta velocidade devido ao seu caminho de reinicialização mais curto para um menor consumo de energia (Chen et al. 2010) e uma maior frequência de funcionamento. Além disso, como um dos módulos digitais no sistema PLL, o PFD dinâmico também pode contribuir para o ruído que se traduz diretamente em instabilidade no sistema PLL (Kim et al. 1997). Nos últimos anos, os PFD típicos foram combinados com blocos funcionais únicos, como o circuito auxiliar de subamostragem, o detetor de bordos ou o circuito contador de impulsos, e verificou-se que aumentam o desempenho do PFD, bem como do PLL global. O sistema PLL foi acelerado através de um mecanismo de arranque rápido que é responsável pela maior parte da alteração de frequência. O poderoso PFD continua a ser um desafio para o bloqueio rápido do PLL em muitas aplicações.

Capítulo 4

A bomba de carga (CP) é a fase subsequente ao PFD, ou seja, os sinais de saída (UP e DWN) do PFD são enviados para o circuito CP. O princípio fundamental de uma bomba de carga é traduzir os estados lógicos do PFD em sinais analógicos adequados para controlar o oscilador controlado por tensão (VCO) através de um filtro de circuito. Fundamentalmente, a bomba de carga é composta por fontes de corrente e comutadores, como se mostra na Figura 13. As correntes de saída da bomba de carga passam geralmente por um filtro passa-baixo (LPF) que converte a corrente da bomba de carga numa tensão de controlo equivalente para o VCO (Thakore et al. 2011). Os PLLs baseados em CP são preferidos pelo seu grande ganho de sistema, baixo desvio de fase estático e baixa corrente de polarização. Além disso, garante a estabilidade do PLL (Liu et al. 2012). A literatura refere várias arquitecturas de bombas de carga, que são discutidas com os seus prós e contras.

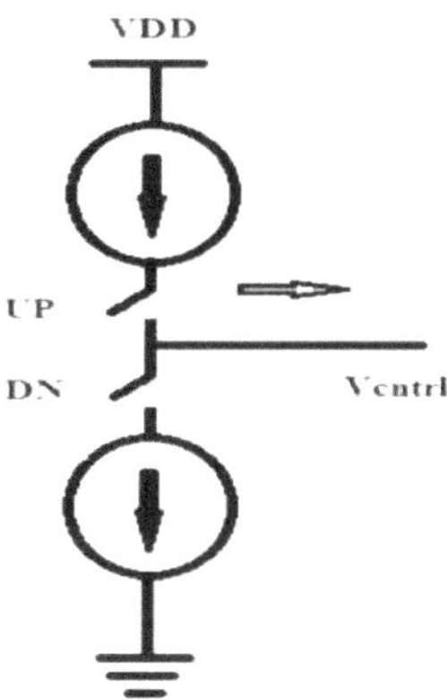

Figura 13 Conceito de bomba de carga.

Fonte: (Thakore et al. 2011)

O circuito CP convencional consiste numa fonte de corrente de saída digital de carga e descarga, I_{CH} e I_{DIS}, respetivamente, como se mostra na Figura 14. Um par de interruptores baseados em transístores controla tanto I_{CH} como I_{DIS} do PFD. Os dois interruptores accionam os filtros de circuito e transferem os sinais de saída do PFD para sinais de tensão analógicos, V_{CP_OUT}, para sintonizar a frequência do VCO (Sujatha & Banu 2012).

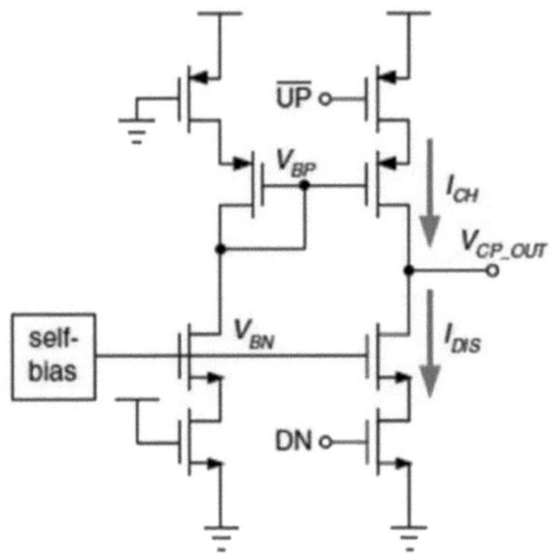

Figura 14 Circuito básico da bomba de carga.

Fonte: (Sujatha & Banu. 2012)

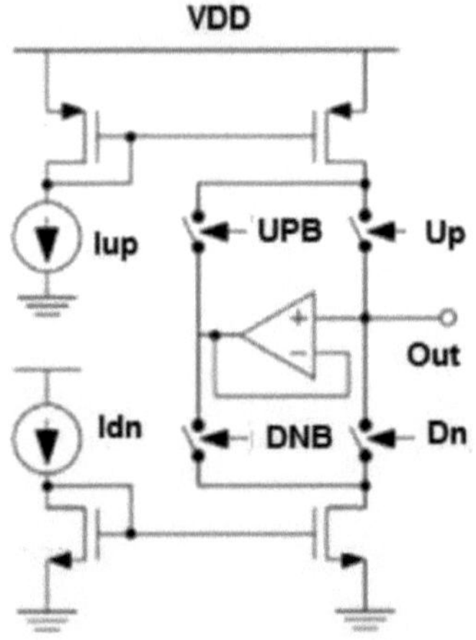

Figura 15 Comutador no dreno e amplificador CMOS CP.

Fonte: (Rhee 1999)

A Figura 15 mostra o CP de comutação no dreno com amplificador operacional. O esquema de comutação no dreno do CP introduz dois comutadores MOS operados de forma sub-óptima (Rhee

1999). Com a amplificação de realimentação negativa no amplificador operacional, uma referência de tensão igual à tensão de saída é mantida enquanto o amplificador operacional permanecer ligado com um ganho elevado. Por conseguinte, as tensões em ambos os comutadores podem ser mantidas. O amplificador de realimentação negativa no CPPLL proporciona uma incompatibilidade de corrente relativamente menor com uma redução no desvio de fase estático. Além disso, devido ao efeito de modulação do comprimento do canal, a incompatibilidade entre NMOSs-PMOSs e as variações do processo geram incompatibilidade de corrente.

O CP CMOS "switch-at-gate", apresentado na figura 16, ilustra a forma como uma porta pode ser comutada como alternativa ao "switch-at-drain" (Rhee 1999). O objetivo é ultrapassar as deficiências básicas do comutador no dreno. Com esta topologia, os espelhos de corrente resultam numa região de saturação. A capacitância de porta (MI e M2) e o dispositivo de canal longo desempenham um papel decisivo se for necessária uma corrente de saída elevada do CP. No entanto, os dispositivos de canal largo e longo desenvolvem grandes capacitâncias parasitas, o que pode resultar em maior dissipação de energia e menor velocidade.

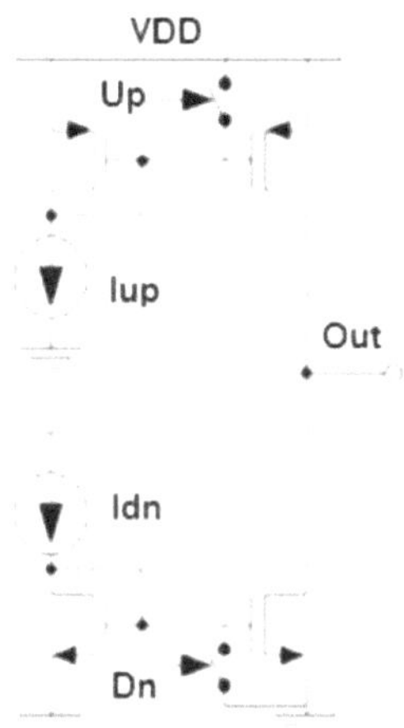

Figura 16 Comutador na porta e amplificador CMOS CP.

Fonte: (Rhee 1999)

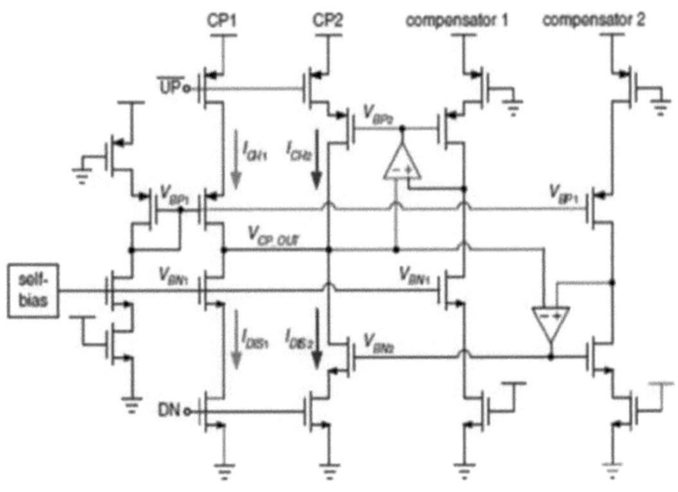

Figura 17 Opamp de erro duplo CMOS CP.

Fonte: (Hwang et al. 2009)

O amplificador de erro duplo CP implementa um segundo circuito de compensação ou dois amplificadores de retorno de réplica (compensador 1 e 2) com duas bombas de carga push-pull (CP1 e CP2), como mostrado na Figura 17 (Hwang et al. 2009). A função do primeiro compensador é controlar a tensão de polarização, vBP2, de modo a que tanto a corrente de carga, ICH2, como a corrente do primeiro compensador sejam equivalentes. O segundo compensador controla vBN2 para garantir que a corrente de descarga IDIS2 é igual à corrente de carga ICH1. O principal objetivo desta arquitetura é conseguir um baixo desfasamento de corrente.

O amplificador operacional rail-to-rail e o circuito CP em cascata auto-alimentado, como se mostra na Figura 18, é composto por um interrutor de corrente de carga, M4, que está localizado entre o VDD e M5 (Zhiqun et al. 2011). O interrutor de corrente de descarga, M12, está posicionado entre a terra e M10. A velocidade de comutação é melhorada devido a um menor efeito parasita, uma vez que o interrutor está ligado a apenas um transístor. O modelo de espelho de corrente auto-alimentado garante que as correntes de carga e descarga mantêm um valor exato para uma vasta gama de tensão de controlo Vctrl. Por outro lado, a corrente IUP é igual à corrente I2. As portas de M5 e M7 são polarizadas e ajustadas pelo amplificador de erro. Neste contraste, a corrente de carga, IUP, coincide com a corrente de descarga, IDW. Além disso, todos os comprimentos de porta do transístor são também concebidos para serem suficientemente grandes para evitar as consequências atribuíveis à modulação do comprimento do canal.

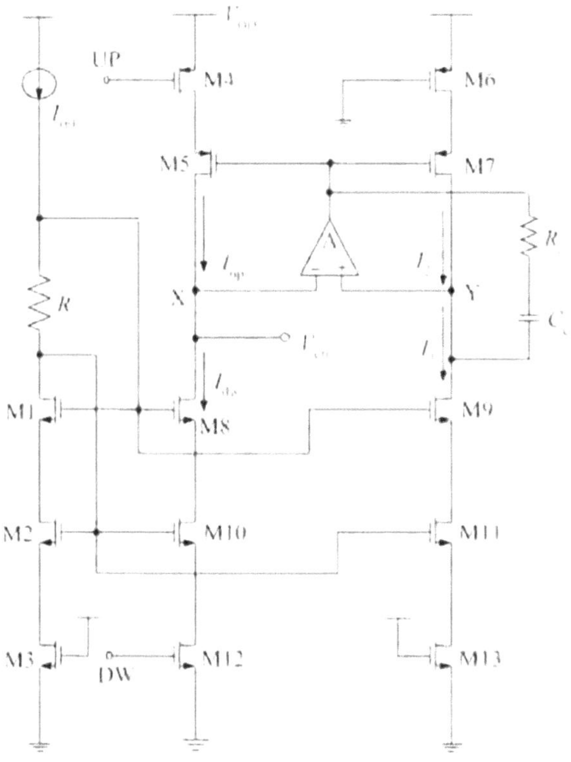

Figura 18 Opamp rail-to-rail em cascata CMOS CP. Fonte: (Zhiqun et al. 2011)

O D flip-flop CMOS CP é composto por dois D flip-flops, reset, porta AND, porta NOT e uma célula de atraso. Depois de passarem pela unidade do bloco da porta NOT e do atraso, os dois sinais de saída do flip-flop D são recuperados através da reposição da extremidade do flip-flop D (Weiping et al. 2011). O circuito CMOS CP do flip-flop D é constituído por transístores, como se mostra na Figura 19. Q1-Q8 formam o espelho de corrente para obter uma corrente de carga e descarga para o filtro passa-baixo. Além disso, os transístores Q9-Q12 funcionam como circuito de comutação que ajusta os sinais de saída e complementares e conseguem reduzir a injeção de carga e a passagem do relógio. O amplificador de primeira ordem (Q17- Q20) protege a tensão nos nós A e B, fazendo com que sejam constantemente iguais à tensão de saída.

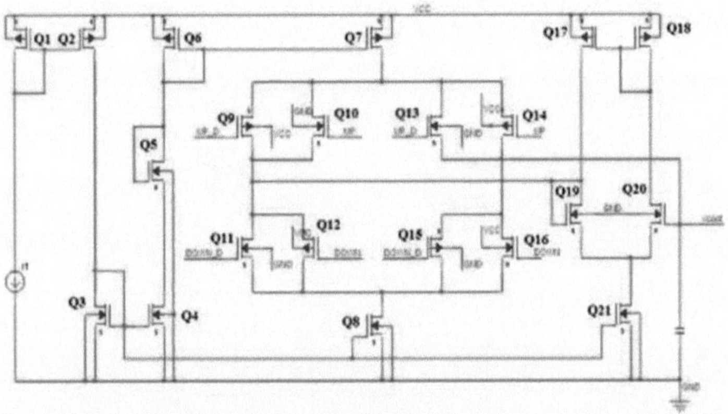

Figura 19 D-flip-flop CMOS CP.

Fonte: (Weiping et al. 2011)

Um esquema de circuito de aumento de ganho para o CP Os CPs CMOS convencionais têm normalmente interruptores Up e Down feitos de pMOS e nMOS, respetivamente, onde pode ocorrer um desfasamento de corrente devido à diferença entre as suas tensões dreno-fonte. Um novo CP com um circuito de aumento de ganho é mostrado na Figura 20, que requer apenas mais alguns transístores do que o CP convencional (Choi e Han. 2006). No circuito do PC proposto, MP4 e MN4 são as fontes de corrente para os amplificadores de transístor único. As resistências de saída, designadas por MN1 e MP1, funcionam como um circuito de reforço de ganho. Esta condição melhora a resistência de saída do CP, o que aumenta e melhora as caraterísticas de incompatibilidade de corrente devido às diferentes transcondutâncias e resistências de saída do nMOS e do pMOS. Por conseguinte, é necessário que as resistências de saída das correntes ascendente e descendente sejam projectadas de forma idêntica.

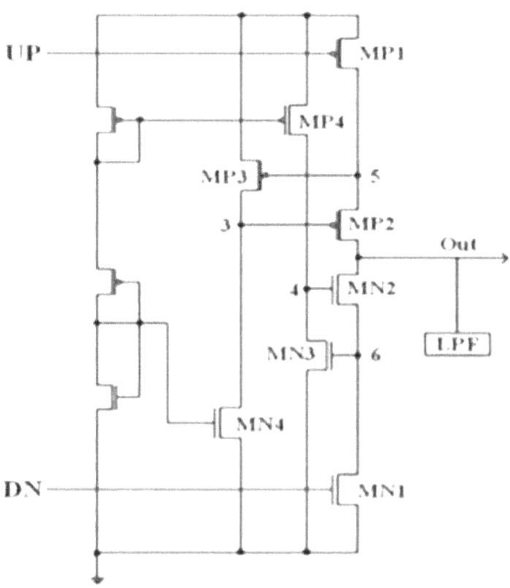

Figura 20 Reforço de ganho CMOS CP.

Fonte: (Choi e Han. 2006)

A comparação do desempenho dos circuitos CP recentemente registados é apresentada na Tabela 2. Os CPs de terminação única são bem conhecidos por oferecerem um funcionamento tri-state com uma dissipação de potência mais baixa. Com base na posição dos interruptores, esses CPs são classificados em vários tipos. A arquitetura básica do modelo de interrutor no dreno não é óptima no que diz respeito à correspondência de corrente. Assim, propõe-se o desenvolvimento de um interrutor no dreno com amplificador operacional de realimentação para ultrapassar os efeitos de partilha de carga. No entanto, esta conceção torna o circuito complexo, o que pode levar a um maior consumo de energia, conforme ilustrado na Tabela 2. A arquitetura do interrutor no dreno com amplificador operacional de realimentação mostra que o desfasamento de corrente é ligeiramente reduzido em comparação com os PCs convencionais. No entanto, é também evidente que a variação de corrente está presente, o que se deve principalmente à realimentação negativa do amplificador operacional. Além disso, este esquema também sofre com a injeção de carga e a passagem do relógio. Por conseguinte, a topologia deve ser escolhida cuidadosamente de acordo com os requisitos das especificações de desempenho.

Tabela 2 Comparação do desempenho dos circuitos CP.

Ref.	CMOS Process (μm)	Voltage Supply (V)	Current Variation	Current mismatch (mA)	Reference Spur (dBc)	Power (mW)
Fazeel et al. (2009)	0.65	1.8	< 2 %	-2.2 to 1.8 mA	-70	65.00
Zaziabl, (2010)	0.18	1.8	< 2%	-0.05 mA to mA	-80	8.87
Bahreyni et al. (2013)	0.18	1.8	< 1.8%	1mA to 8.5mA	-73	5.14
Zheng & Li, (2011)	0.18	1.8	1.5%	< 0.5%	- 60.1	0.57
Hwang et al. (2009)	0.13	1.2	1.7%	< 3.2%	- 63.7	1.8
Sun et al. (2007)	0.18	1.2	-	< 0.5 %	-	0.85
Cruz et al. (2012)	0.18	1.8	-	< 0.4%	-	0.9
Shiau et al. (2013)	0.18	1.8	-	< 0.1%	-	-
Cai et al. (2010)	0.13	1.2	-	< 0.6%	-56	2.1
Joram, & Ellinger (2014)	1.8	3		< 2.1%		-
Weiping (2011)	-	4		< 1.0%	931.32	6.3
Zhou & Wang (2008)	0.18	1.8		< 1.62 %		958.5
Zheng & Li (2011)	1.8	1.8		<0.5		0.57

Capítulo 5

Osciladores simultâneos totalmente integrados para sistemas de comunicação modernos são concebidos em várias tecnologias, como CMOS, BiCMOS, SiGe, InP e GaAs. Entre todas elas, a CMOS tem ditado a indústria de conceção de circuitos integrados há mais de duas décadas devido aos seus rápidos avanços e à sua caraterística de redução contínua, que conduz a circuitos de pequenas dimensões e a um custo de fabrico reduzido. Osciladores LC totalmente onchip e osciladores em anel (ROs) estão a ser usados para aplicações de sistemas em chip (SoC) CMOS ao longo dos anos (Moghavvemi & Attaran 2011). Nos osciladores LC, o indutor espiral integrado e os varactores MOS são os principais componentes passivos do circuito ressonador. Ao contrário dos osciladores LC, os ROs on-chip são circuitos sem indutores que geralmente consistem em células de atraso (bloco amplificador) e não utilizam circuito ressonante externo. Apresenta-se aqui uma panorâmica pormenorizada do oscilador em anel e das suas classificações baseadas em células de atraso para VCOs.

Uma RO é geralmente realizada com um número par ou ímpar (N) de amplificadores inversores (A) interligados em circuito aberto ou células de atraso que estão acopladas num circuito de realimentação positiva, como se mostra na figura 21. Durante o funcionamento, se qualquer nó da RO for excitado, o impulso propaga-se através de todos os estádios de atraso e acaba por inverter a polaridade do nó previamente excitado. A RO deve satisfazer os critérios de Barkhausen para manter uma oscilação estável, mas não é suficiente para as condições de arranque da oscilação. Para iniciar o arranque do oscilador, o ganho em malha aberta do oscilador deve ser sempre mantido acima da unidade.

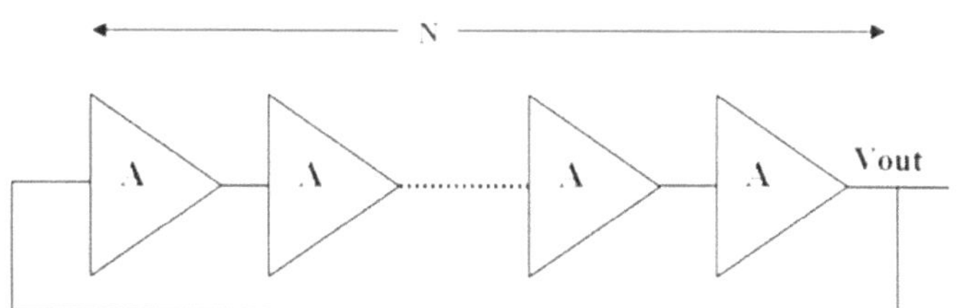

Figura 21 Arquitetura básica do oscilador em anel.
Fonte: (Jalil et al 2013)

Para avaliar o desempenho de um oscilador em anel, o ruído de fase (PN) e a gama de sintonização são os parâmetros mais importantes, juntamente com o tamanho do chip, a dissipação de energia, etc.

O ruído de fase (PN) é o espetro de potência da frequência de oscilação em osciladores reais que não se concentra num único tom; em vez disso, espalha-se pelas frequências adjacentes em torno desse tom. Para o VCO, o ruído de fase é geralmente expresso como a relação entre a potência numa banda lateral de ruído (expressa numa largura de banda de 1 Hz) e a potência na frequência portadora, derivada da densidade espetral do ruído de fase. No modelo clássico de Leeson para o oscilador linearizado, o PN de banda lateral única (SSB), L($\Delta\omega$) é escrito como (Riddle 2010; Lee & Hajimiri 2000)

$$L(\Delta\omega) = \frac{S_\Phi(\Delta\omega)}{2} = 10\log[\{1 + \frac{\omega_o^2}{(2\Delta\omega Q)^2}\}(1 + \frac{\Delta\omega_{1/f^3}}{\Delta\omega})(\frac{2FKT}{P_{DC}})] \qquad (2.9)$$

Onde, s_Φ= a PSD de PN; $\Delta\omega$ = o desvio de frequência em relação à frequência central da portadora ($\omega_0\chi \Delta\omega_{1/f^3}$ = frequência de canto de cintilação dos dispositivos activos utilizados como oscilador; P_{DC} = consumo de energia DC do oscilador; F = fator de ruído dos dispositivos activos; K = constante de Boltzmann; T = temperatura absoluta em graus Kelvin.

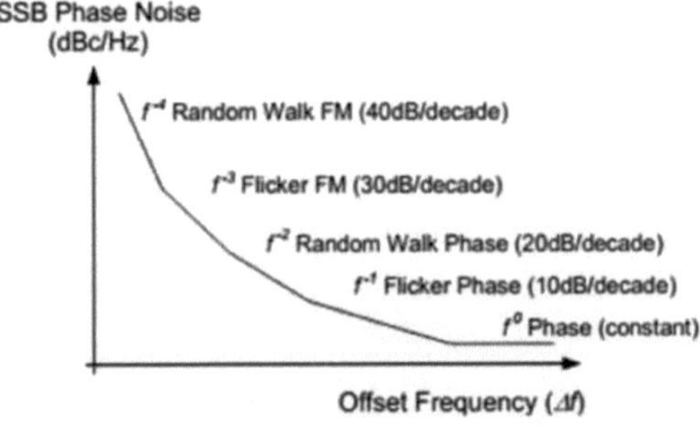

Figura 22 Componentes do ruído de fase do oscilador.

Fonte: (Riddle 2010)

O ruído de fase é produzido nos osciladores, a partir de fontes de ruído aleatórias, como o ruído térmico, o ruído de disparo e o ruído de cintilação, como se mostra na figura 22. Estes mecanismos manifestam-se em diferentes gamas de frequências de desvio, e a medida em que estão presentes depende da conceção do oscilador e da tecnologia dos componentes. Há alguns factores que afectam o desempenho PN dos RO: baixo fator Q, ganho elevado, frequência de saída elevada, temperatura elevada, baixo consumo de energia, número de células de atraso em cascata, etc. (Hajimiri et al. 1999; Lee & Hajimiri 2000; Leung 2004; Abidi 2006; Leung & Mcleish 2009). A seleção de uma arquitetura adequada de células de atraso para comutação rápida pode reduzir o desempenho do PN. A minimização do ruído de cintilação e do ruído branco nas células de atraso também pode melhorar a qualidade da PN. Na prática, o ganho ou a sensibilidade do RO é muito superior ao do oscilador LC, pelo que a redução da largura de banda de sintonização e a utilização de um caminho de controlo sem ruído podem garantir um melhor desempenho PN.

A gama de sintonização é outro parâmetro de conceção vital do VCO. É a gama de frequências de saída a que o VCO oscila em toda a gama da tensão de controlo.

Os estágios de atraso de uma RO podem ser concebidos de forma simples ou diferencial (Abidi 2006). Os **estágios de atraso do RO de terminação única (SERO)** consistem numa sequência de inversores com um número ímpar de células de atraso. Mas as células de atraso do **oscilador diferencial em anel (DRO)** podem ser em número par ou ímpar, juntamente com uma carga (componentes activos ou passivos) e um par de entrada de pares diferenciais NMOS ou um inversor push-pull. A sintonização de frequência do SERO e do DRO pode ser obtida alterando o número de estágios (N) ou modificando o tempo de propagação do pulso (tp). Isto pode ser feito utilizando um dos mecanismos seguintes: variação da capacitância da carga de saída, variação da "resistência de ativação" de um MOSFET linear, variação da capacidade de tratamento da corrente dos circuitos que accionam a carga, alteração da tensão de alimentação CC dos osciladores ou técnica de interpolação por atraso (Savoj & Razavi 2001; Tu et al. 2004).

As configurações dos circuitos DRO podem ser classificadas como totalmente diferenciais e pseudo-diferenciais. A arquitetura totalmente diferencial consiste num par diferencial com a fonte de corrente de cauda e apresenta melhor rejeição do ruído de modo comum, distorção harmónica reduzida e oscilações de tensão de saída inflacionadas. A configuração pseudo-diferencial, por outro lado, é composta por dois inversores independentes sem fontes de corrente de cauda e apresenta um maior ganho em modo comum (Shen et al. 2008). O facto de se evitar a fonte de corrente de cauda torna a arquitetura pseudo-diferencial adequada para aplicações de baixa tensão.

A **célula de atraso** clássica **totalmente diferencial** é constituída por um par diferencial com resistências activas ou passivas como carga. Neste tipo de célula de atraso, é criado um circuito RC utilizando a resistência de carga e a capacitância parasita dos transístores. O atraso de propagação é basicamente determinado pela variação da corrente que flui através dos estágios de atraso que, por sua vez, resulta na mudança da frequência de oscilação da RO. Azqueta et al. (2011) modificaram a polarização clássica do DRO, como mostrado na Figura 23, para obter um valor constante para o nível DC do sinal de saída sem a necessidade de um circuito de polarização de réplica, a fim de economizar o tamanho do chip e diminuir a dissipação de energia para o DRO de quatro estágios. Nesta topologia de célula de atraso, a variação da corrente de polarização que provoca a alteração da frequência é equilibrada nas resistências, o que melhora o desempenho do ruído de fase.

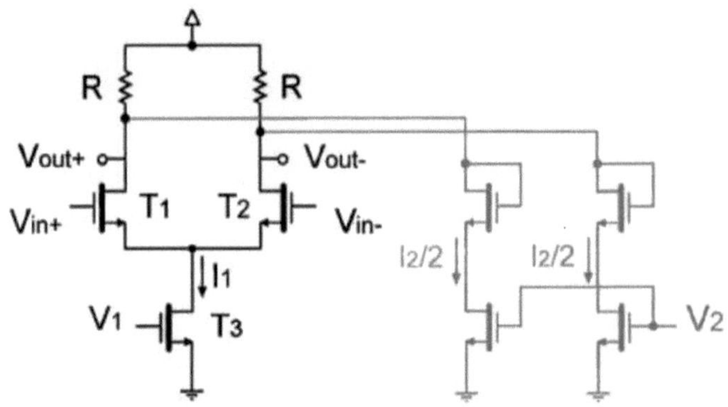

Figura 23 Célula de atraso DRO clássica modificada.

Fonte: (Azqueta et al. 2011)

Ao utilizar dois inversores push-pull como entradas secundárias, a célula de atraso proposta por Liu et al. (2008), como mostra a Figura 24, pode ser utilizada em circuitos de alta velocidade. Neste circuito, N1- N2 actuam como a entrada do circuito primário, enquanto os inversores formados por INV1 e INV2 servem como o par de entradas do circuito secundário. Os PMOS P1-P2 formam a carga ativa da célula de atraso. Para evitar a perda de potência de oscilação no limite da gama de sintonização da frequência, são incluídos transístores adicionais P3 e P4 em paralelo com a carga ativa ajustável.

O funcionamento de M9 e M10 na região de tríodo confirma a corrente adequada para carregar a porta de saída, mesmo quando a tensão de controlo é quase igual à tensão de alimentação. O circuito atinge uma velocidade de funcionamento mais rápida até 10 GHz à custa da redução da amplitude de oscilação, bem como de um elevado consumo de energia de 72 mW.

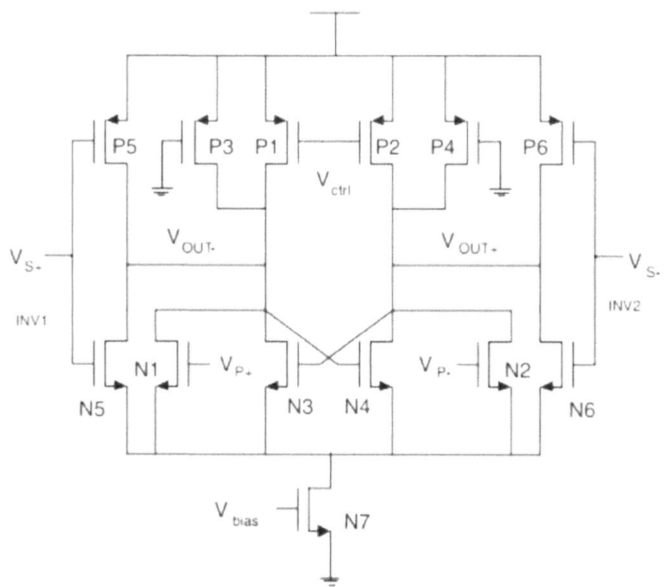

Figura 24 Célula de atraso DRO com inversor push pull.

Fonte: (Liu et al. 2008)

Um DRO de dois estágios é ilustrado por Tu et al. (2004) com um arranjo de realimentação shunt-shunt (usando M3, M4, M5 e M6) como mostrado na Figura 25. O circuito de carga, que contém uma resistência e um transístor de carga NMOS (M7 ou M8), pode ser escolhido cuidadosamente para realizar o ganho de sinal pequeno AC na frequência de ressonância e melhorar a oscilação do sinal de saída. Embora os caminhos de corrente adicionais criados por M5, M6 e Mps pareçam aumentar o consumo de energia, a topologia de realimentação shunt-shunt faz com que a corrente CC nesses dois caminhos seja muito insignificante em comparação com a dos caminhos de sinal originais. Esta topologia apresenta uma menor dissipação de potência de 17 mW, uma grande oscilação do sinal de saída e uma ampla gama de sintonização de 75%.

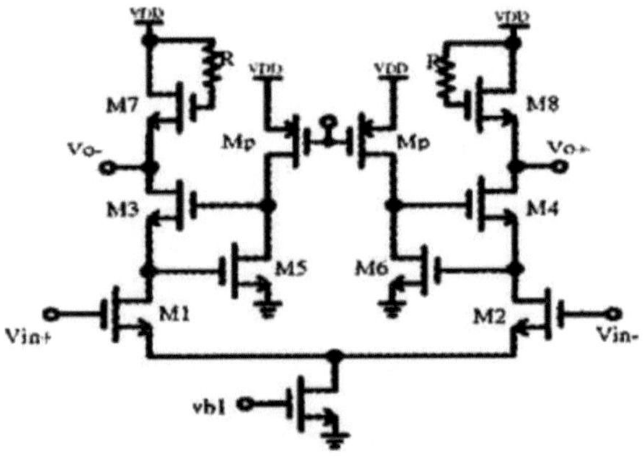

Figura 25 Célula de atraso DRO com realimentação shunt-shunt.

Fonte: (Tu et al. 2004)

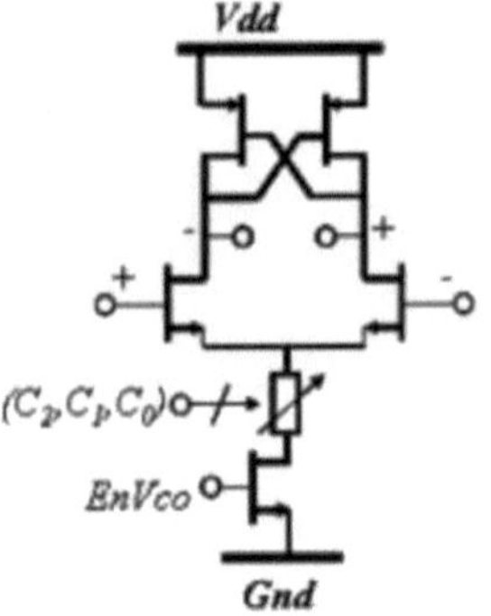

Figura 26 Célula de atraso DRO com rede resistiva programável.

Fonte: (Fahs et al. 2009)

Um DRO de dois estágios usando uma célula de atraso totalmente diferencial com uma rede resistiva programável proposta por Fahs et al. (2009) para oscilador controlado digitalmente (DCO) UWB é mostrado na Figura 26. Esta célula de atraso é composta por um PMOS com acoplamento cruzado como carga ativa, um par de NMOS como entradas e uma rede resistiva programável (Rp) com um NMOS de corrente de cauda para uma sintonização de frequência adequada. Este DRO tem uma ampla gama de sintonização de 139% à custa de uma maior dissipação de potência.

Um DRO de quatro fases baseado numa célula de atraso de amplificador **pseudo-diferencial**, proposto por Park & Kim (1999), é uma célula de atraso de tipo totalmente comutado. Esta célula de atraso contém um par de entradas diferenciais NMOS (M1, M2), um par de cargas activas PMOS (M3, M4) e NMOSs com acoplamento cruzado (M5, M6) para o controlo da tensão de porta das cargas activas (Figura 27). A realimentação positiva do trinco mantém a transição dos bordos de saída do oscilador nítida apesar do tempo de atraso lento. Além disso, o trinco de realimentação positiva acelera as transições para atingir uma frequência de oscilação muito mais elevada. Um loop de atraso duplo oferece uma frequência de oscilação ainda maior (Chen & Lee 2011). Esta arquitetura não consegue ultrapassar o inconveniente da existência de uma zona morta na sua resposta em termos de tensão. Esta zona morta é a resposta plana das tensões de saída em relação às tensões de entrada (Yuan 2006). A adição de um par de PMOSs em paralelo com a carga PMOS oferece um caminho de carga adicional e ajuda a corrigir o problema da zona morta.

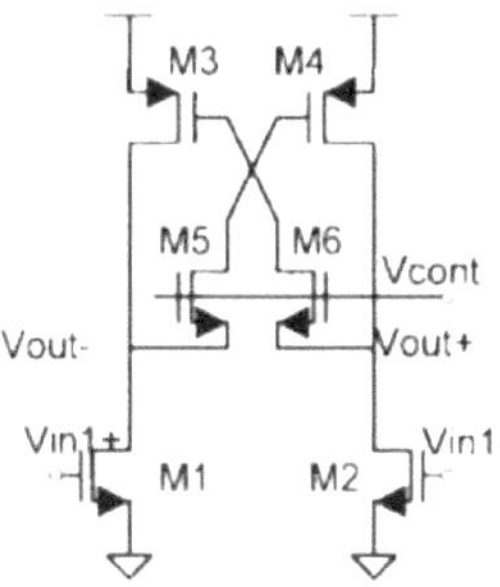

Figura 27 Célula de atraso DRO Park-Kim.

Fonte: (Park & Kim 1999)

Para o funcionamento a baixa tensão, Tiao & Sheu (2010) apresentam uma célula de atraso com uma abordagem de controlo de corrente complementar, como se mostra na Figura 28. Um par de transístores de controlo complementares PMOS (M9, M10) é adicionado à célula de Park-Kim, o que oferece uma corrente extra para ultrapassar a restrição do funcionamento do controlo de baixa tensão e aumenta a frequência de oscilação utilizando uma estrutura de circuito de atraso duplo. Permite o controlo de toda a gama de tensão de alimentação e apresenta uma vasta gama de sintonização de 43,39%. Apresenta também um melhor desempenho de ruído de fase ao preço de uma elevada dissipação de potência de 100 mW.

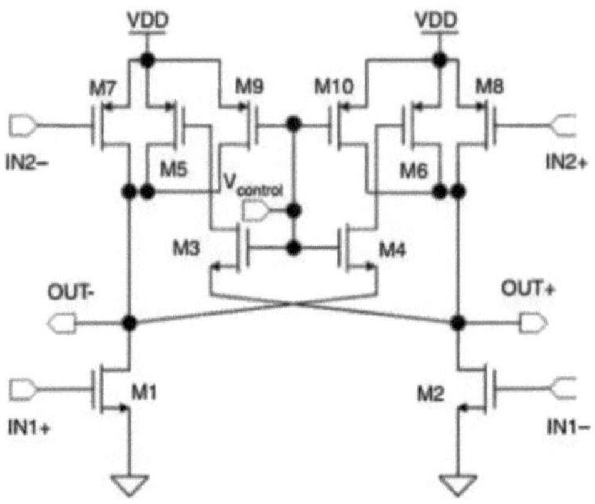

Figura 28 Célula de atraso do controlo complementar da corrente.

Fonte: (Tiao & Sheu 2010)

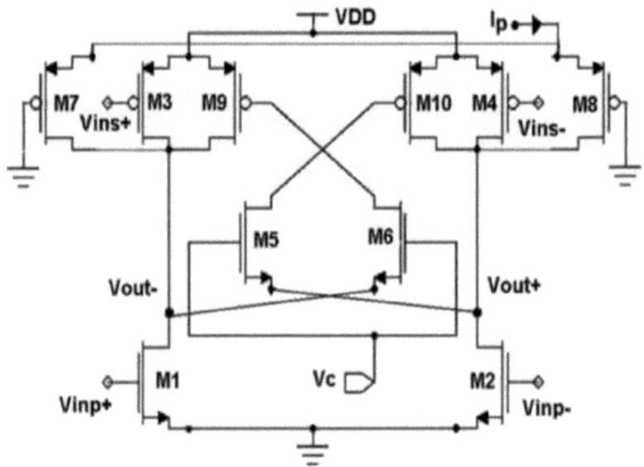

Figura 29 Célula de atraso controlada por tensão e corrente.

Fonte: (Danfeng et al. 2009)

Danfeng et al. (2009) conceberam um DRO de quatro fases com controlo duplo para o PLL de dualloop. A célula de atraso adopta simultaneamente o mecanismo de controlo da tensão e da corrente. Com base no trinco de atraso proposto por Eken & Uymera (2004), o ganho de realimentação positiva no trinco (M3, M4) deste circuito aumenta com Vc devido à redução das resistências de M5 e M6 (Figura 29). Um par de transistores PMOS (M7 e M8), operando na região de saturação, fornece uma corrente adicional injetada (Ip) que é dividida nas portas de saída (Vout-, Vout+). A corrente injetada (ip), controlada por um sinal de controlo de entrada diferencial, é alimentada por módulos separados de tensão-corrente. Este DRO apresenta um sinal de frequência mais elevada com uma vasta gama de sintonização, mas com um fraco desempenho em termos de ruído de fase e uma elevada dissipação de energia.

A célula de atraso demonstrada por Parvizi et al. (2008) para um DRO de três estágios com loop de atraso duplo emprega um par NMOS (M1, M2) e um par PMOS (M3, M6) para as entradas do loop primário e do loop secundário, respetivamente (Figura 30). Este DRO combina uma carga composta (M3 e M7, M6 e M8) e utiliza uma técnica de feed-forward para reduzir o tempo de propagação da célula. A tensão da porta (Vctrl) e as dimensões de M4 e M5 controlam a sintonização da frequência. As cargas compostas actuam como indutores activos em vez das cargas activas habituais, o que faz com que a redução da constante de tempo obtida com o pico indutivo provoque um aumento da frequência de oscilação do DRO. Além disso, este oscilador atingiu uma ampla gama de sintonização de 180% a baixas tensões devido ao fator de qualidade (Q) moderado do indutor ativo.

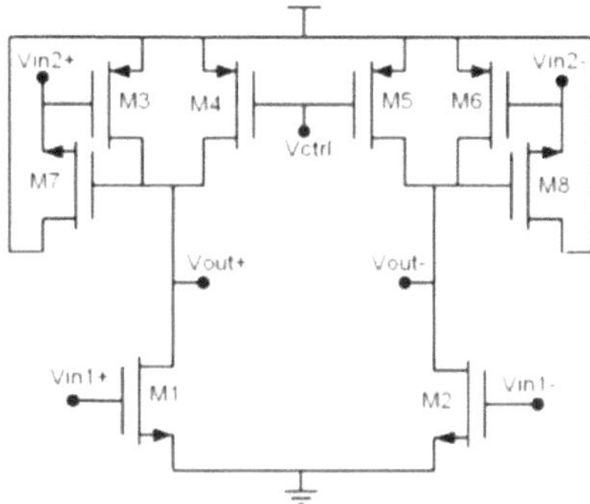

Figura 30 Célula de atraso pseudo-diferencial com carga simétrica.

Fonte: (Parvizi et al. 2008)

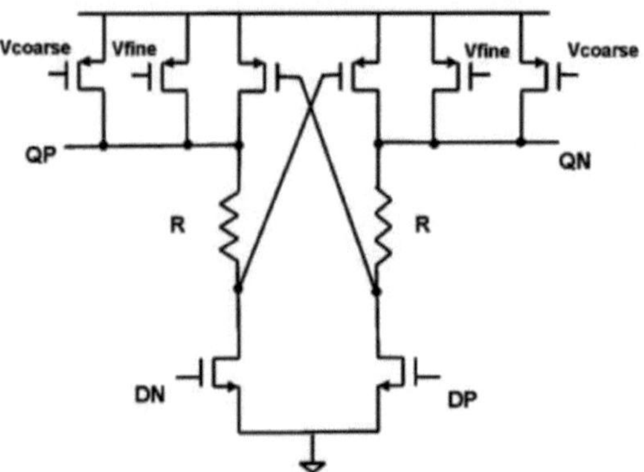

Figura 31   Célula de atraso do interrutor lógico de tensão diferencial em cascata com resistência. Fonte: (Turker et al. 2011)

Os circuitos lógicos diferenciais de comutação de tensão em cascata (DCVSL), em comparação com a lógica de modo de corrente (CML) ou o par acoplado à fonte, oferecem um baixo número de transístores, nenhuma limitação de headroom e nenhum consumo de corrente estática. No entanto, o grande atraso de propagação numa RO DCVSL limita a sua velocidade de funcionamento e resulta em formas de onda de saída assimétricas. Uma célula de atraso baseada em DCVSL com resistência (DCVSL- R) para RO de três estágios apresentada por Turker et al. (2011), como mostrado na Figura 31, pode superar a assimetria de atraso e reduzir o atraso total de propagação. A utilização de células de atraso DCVSL em DROs com células DCVSL-R acelera a velocidade do circuito para um determinado orçamento de potência sem perder o desempenho do ruído de fase.

A Tabela 3 mostra um resumo do desempenho das topologias totalmente e pseudo-diferenciais de VCOs em anel relatadas em pesquisas recentes. O estágio de atraso de terminação única (ou do tipo inversor) e o estágio de atraso diferencial são elementos vitais necessários para formar o RO. A tendência atual de múltiplas saídas de fase do VCO pode eventualmente eliminar a necessidade de um VCO em anel de terminação única devido ao seu ruído de alimentação e de substrato e à sua incapacidade de produzir saídas em quadratura. A célula (ou estágio) de atraso diferencial, em geral, tem duas configurações: totalmente diferencial (com fonte de corrente de cauda) e pseudo-diferencial (sem fonte de corrente de cauda).

Quadro 3 Resumo do estado da arte do VCO.

Ref	Oscillator. Frequency (GHz)	Tuning range (GHz)	PN (dBc/Hz@ offset(MHz))	Supply voltage (V)	Power dissipation (mW)	CMOS Process (µm)
Eken et al. (2004)	5.79	5.16-5.93	-99.5@1	1.8	80	0.18
Lu et al (2005)	0.9	0.73-1.43	-106.1@0.6	1.8	65.5	0.18
Paula et al. (2008)	0.85	0.186-1.5	-113.5@0.6	1.8	11.38	0.18
Liu et al. (2008)	7	6.24-7.04	-107@10	1.8	72	0.18
Parvizi et al. (2008)	5	0.5-9.5	-85.3@1	1.2	9	0.13
Danfeng et al. (2009)	5.5	4.2-5.9	-99.1@1	1.8	58	0.18
Lee et al. (2011)	9	2.4-10	-125@1	1	9.5	0.09
Chen et al. (2011)	-	1.77-1.92	-123.4@10	1.8	13	0.18
Turkar et al. (2011)	2.4	2.34-3.11	-113@10	1.05	2	0.13
Fahs et al. (2009)	5.65	139%	-121.7@10	1.3	5	0.13
Liu et al. (2009)	7.64	7.3-7.86	-103.4@1	1.5	60	0.13
Tiao & Sheu (2010)	5.22	3.03-5.36	-107.7@1	1.8	100	0.18

As arquitecturas de RO diferenciais são normalmente feitas com um único loop ou um único percurso. Mas esta técnica não consegue gerar frequências elevadas acima dos 5 GHz. No entanto, o anel-VCO proposto por Lee et al. (2011) produziu um máximo de 10 GHz, melhor ruído de fase de -125dBc/Hz@1MHz e uma ampla gama de sintonização de 2,4-10 GHz à custa de 9,5 mW de potência, gerador de impulsos adicional e processo CMOS de 90 nm. Para além disso, foi iniciada outra técnica para os níveis máximos de frequência do DRO, designada por estrutura de duplo loop de atraso (por vezes referida como multi-loop), na qual são adicionadas entradas auxiliares ou secundárias, juntamente com as entradas primárias das células de atraso diferencial existentes (Liu et al. 2007; Parvizi et al. 2008; Danfeng et al. 2009; Fahs et al. 2009; Liu et al. 2009; Tiao & Sheu 2010). Por exemplo, Liu et al. (2005) gerou um máximo de 10,5 GHz, mas o circuito consumiu uma corrente enorme de 38 mA, e o ruído de fase de -92,1 dBc/Hz@1MHz não é sequer satisfatório para aplicações de alta taxa de dados. Assim, esta técnica aumenta a complexidade do circuito, acrescenta mais transístores e consome muita energia para operações de alta frequência. O DRO baseado em pseudo-diferencial por caminho de atraso único ilustrado por Turker et al. (2011) produziu 2,4 GHz de frequência dissipando 2 mW de potência. Este circuito é adequado para aplicações Zigbee de baixa potência e baixa taxa de dados, em que o requisito de ruído de fase é mais relaxado do que as normas Wi-Fi. Podem ser utilizadas várias fases de atraso pseudo-diferenciais ou totalmente diferenciais, por exemplo, 2 fases, 3 fases, 4 fases e ainda mais para montar o RO de tipo diferencial para VCO. Mas a seleção das células de atraso é um dos pontos fulcrais da conceção de VCOs em anel eficientes em termos energéticos. Por exemplo, Eken et al. (2004), Lu et al. (2006) e Tiao & Sheu (2010) utilizaram um VCO em anel de 3, 2 e 4 estágios, respetivamente, usando uma célula de atraso pseudo-diferencial que gasta mais de 50 mW de potência. No entanto, não são viáveis para dispositivos portáteis. Em suma, o número de fases de atraso e a escolha das várias topologias de células de atraso diferencial afectam grandemente o desempenho do PLL.

Capítulo 6

Em todos os sintetizadores de frequências baseados em PLL totalmente integrados, o divisor de frequências é um dos subcomponentes essenciais, juntamente com o oscilador controlado por tensão (VCO), o filtro de malha e o detetor de frequência de fase. É um dos módulos que consome muita energia e que divide o sinal de alta frequência gerado pelo VCO pelo rácio de divisão desejado. Num PLL CMOS analógico, os FDs são desenvolvidos em grande parte por meios digitais ou analógicos. Os divisores lógicos digitais são classificados como estáticos e dinâmicos (Pellerano et al. 2004; Krishna et al. 2010; Kromer et al. 2006). Os divisores de frequência estáticos baseiam-se geralmente num flip-flop de disparo de borda num circuito de realimentação negativa. A segunda subcategoria de divisores digitais são os FDs dinâmicos, que são implementados por D-latches usados no flip-flop e o consumo de corrente só ocorre quando um ciclo de relógio é usado como sinal de entrada. Já os divisores analógicos são de dois tipos: regenerativos (ou Miller) e bloqueados por injeção (Lee & Razavi 2004; Lin & Liu 2011; Zheng & Luong 2008; Shima et al. 2013). O divisor de frequência regenerativo baseia-se na mistura da saída com a entrada e na aplicação do resultado a um filtro passa-baixo. Ao contrário do divisor de frequência regenerativo, o bloco de construção chave do divisor de frequência bloqueado por injeção (ILFD) é o oscilador. Para além do oscilador, deve ser incluído no ILFD um estádio de transcondutância como nó de injeção para a injeção de sinal. Até agora, o ILFD tem um desempenho notável em comparação com os FDs existentes em termos de operação de alta frequência, altas taxas de divisão, ampla faixa de bloqueio, baixo consumo de energia, bom ruído de fase, compacidade do circuito e custo reduzido (Mirzaei et al. 2008; Razavi 2004, Singh & Green 2005; Chuang et al. 2006; Lee et al. 2007; Jang et al. 2008; Farazian et al. 2009; Zhou & Yuan 2011). Nas secções seguintes, a revisão e as discussões concentram-se no divisor de frequência bloqueado por injeção (ILFD).

O **RO-ILFD** baseia-se no fenómeno designado por bloqueio de injeção (Mirzaei et al. 2008; Razavi 2004). No ILFD, a frequência de saída do oscilador é afastada se um sinal de entrada (ou de injeção) de onda contínua com uma frequência diferente estiver próximo da frequência de auto-ressonância (SRF), f0 (também conhecida como frequência de funcionamento livre). Geralmente, se a frequência de injeção (finj) não for aplicada no oscilador, este oscila na SRF. Quando um sinal de entrada externo é injetado num oscilador bloqueado por injeção (ILO), a fase do sinal de saída é bloqueada com a fase desse sinal de entrada, ou seja, a frequência de saída mantém-se num submúltiplo da frequência de entrada. O bloqueio de injeção devido à ação de mistura do sinal de entrada externo e da harmónica de saída do oscilador é designado por injeção super-harmónica. Naturalmente, a frequência de injeção tem de ser suficientemente forte para que a SRF seja puxada para ela. Uma frequência de injeção fraca pode puxar o oscilador, mas não pode bloquear o oscilador. Assim, para o funcionamento correto do ILFD, a frequência de injeção deve estar dentro do LR desse FD. Se a amplitude e a frequência do sinal periódico injetado forem escolhidas adequadamente, o circuito começa a oscilar à frequência de injeção e não à da SRF.

O consumo de energia DC e o ruído de fase (PN) são dois dos principais indicadores de desempenho dos ILFDs (Dehghani 2006; Farazian et al. 2010). O ruído de fase de saída tem origem principalmente em duas fontes: o ruído de fase do oscilador em funcionamento livre e o ruído de fase do sinal injetado externamente. Para além destes parâmetros, as caraterísticas do RO-ILFD são frequentemente quantificadas pelos seguintes parâmetros de conceção.

O rácio de **divisão** de 2 é comum no ILFD. Nos últimos tempos, são utilizados ILFDs com rácios de divisão múltiplos e elevados de 3, 4, 6, 8, 9, 12 e 18. Juntamente com as razões de divisão inteiras, as razões de divisão fraccionárias (ou seja, não inteiras) são agora necessárias em algumas aplicações.

A gama de bloqueio é outro parâmetro de conceção importante. A gama de frequências de entrada em que o ILFD é capaz de dividir com precisão a frequência injectada pela razão de divisão inteira ou fraccionada desejada é definida como a gama de bloqueio (LR). O bloqueio do oscilador reside na mistura da frequência do sinal de entrada com a frequência de auto-ressonância, gerando novos componentes de frequência. Para extrair a LR, mede-se um ILFD injectando um ou mais sinais periódicos com a amplitude e a frequência adequadas. A LR é expressa como,

$$LR(\%) = \frac{f_{max} - f_{min}}{f_{center}} \times 100\%$$

(2.10)

Em que f_{center} é a média aritmética de f_{max} e f_{min}.

A sensibilidade de entrada do ILFD é definida como a amplitude mínima do sinal injetado (ou seja, de entrada) que deve ser aplicado ao divisor para bloquear o sinal de entrada com uma determinada frequência. A deslocação da sensibilidade de entrada é normalmente causada por uma grande potência do sinal de entrada.

Para aplicações de alta frequência, são implementados em PLLs osciladores em anel não harmónicos (RO) ou osciladores harmónicos de indutor-capacitor (LC) (Zheng & Luong 2008). O RO-ILFD baseia-se no fenómeno designado por bloqueio por injeção (Mirzaei 2008; Razavi 2004). Quando um ILFD é forçado a oscilar numa frequência diferente da frequência de ressonância do seu tanque LC, é designado por LC-ILFD. Inversamente, se o tanque LC for substituído pelo RO no ILFD, este é conhecido como RO-ILFD.

Para a injeção de sinal, um ou mais terminais do transístor de injeção nas células de atraso são utilizados para bloquear o RO-ILFD. Duas topologias de bloqueio por injeção bem conhecidas são a injeção de cauda e a injeção direta (Chuang et al. 2006; Dehghani 2006). Quando um ou dois transístores de cauda são utilizados como injectores para o bloqueio por injeção, então a topologia do divisor é designada por injeção de cauda. Em contraste com a topologia de injeção de cauda, a injeção de sinal na topologia de injeção direta é realizada pelo injetor (ou seja, transístor) colocado através dos nós de saída do oscilador. Para além destas topologias de injeção, a injeção de fase única e a injeção de fase de entrada múltipla (ou multifase) são duas formas distintas de injetar sinais em termos de fases. Atualmente, estes dois tipos de técnicas de injeção de fase são aplicados tanto no nó direto como no nó de cauda dos RO-ILFD para bloqueamento. As próximas secções apresentam várias topologias de injeção direta e de cauda, bem como as respectivas técnicas de bloqueio por injeção utilizadas nos ROILFD CMOS.

O RO-ILFD demonstrado por Farazian et al. (2009) pode atingir rácios de divisão de 2, 4 e 6 na frequência da banda V e produzir saídas I/Q com um total de oito fases diferentes. Este FD elevado é constituído por um total de seis células de atraso totalmente diferenciais baseadas na lógica de acoplamento à fonte (SCL) ou na lógica de modo de corrente MOS (MCML), como se mostra na Figura 32. O RO é construído por quatro células de atraso, nas quais são escolhidas pequenas resistências de carga em vez de dispositivos activos para oscilação de alta frequência. Apesar de libertar mais energia para atingir a oscilação de tensão desejada, a RO de 4 fases relaxa o requisito de ganho de cada célula em comparação com as ROs de 2 ou 3 fases para cumprir os critérios de ganho do circuito. No divisor, um sinal de entrada monofásico é injetado na fonte de corrente de cauda do primeiro estágio, considerando-o como um SBM. A mistura ocorre no par diferencial do primeiro estágio, e os demais estágios se comportam como o filtro multipolar, que contribui com o ganho e a mudança de fase necessários para manter a oscilação. Apesar das suas saídas de fase múltipla e das elevadas taxas de divisão, sofre em LR estreito.

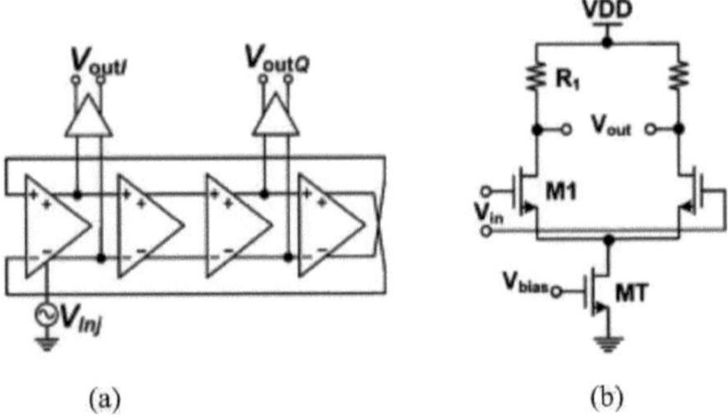

(a)   (b)

Figura 32   Célula SCL de quatro fases baseada em a) RO-ILFD e b) célula de atraso.

Fonte: (Farazian et al. 2009)

Em geral, as fases múltiplas são geradas por osciladores multifásicos no sistema PLL totalmente integrado. Quando a injeção múltipla com fases óptimas é exercida no RO-ILFD, em comparação com a injeção monofásica relatada em (Farazian et al. 2009; Jang et al. 2008; Vijayaraghavan et al. 2009), então o LR torna-se bastante elevado. Para melhorar a eficiência da injeção e o LR para a divisão de frequências super-harmónicas, Chien e Lu (2007) criaram um RO-ILFD de três fases com técnica de injeção multifásica. Entre os três estágios do divisor, duas células SCL totalmente diferenciais idênticas são colocadas no primeiro e no segundo estágios, e apenas o terceiro estágio de atraso tem cargas activas sintonizáveis em vez de cargas resistivas (Figura 33).

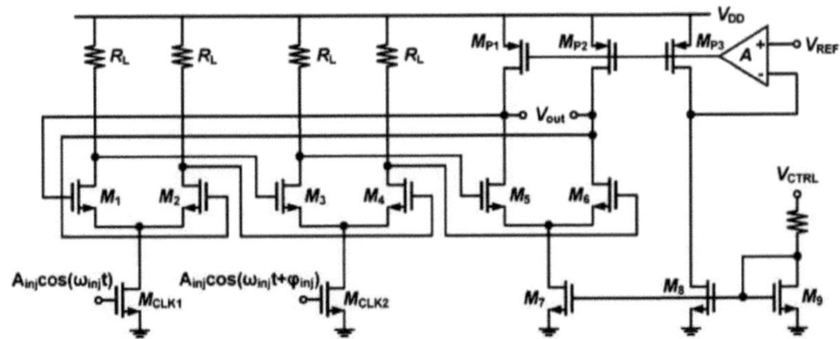

Figura 33 RO-ILFD em três fases por injeção multifásica.

Fonte: (Chien & Lu 2007)

Aceitando a técnica de injeção multifásica para a expansão LR, ambos os transístores de cauda NMOS são afectados à injeção de sinal na primeira e na segunda fase. Tendo em conta as operações a alta velocidade, os dois primeiros estádios são concebidos para proporcionar um ganho de tensão suficiente com um atraso mínimo da porta. Utilizando o circuito de réplica no terceiro estágio, a resistência de carga de dois transistores PMOS diminui, o que causa a redução do atraso de porta e, consequentemente, é gerado um SRF elevado. Embora seja desejável uma grande gama de sintonização para a resistência variável para maximizar a gama de entrada do FD, o atraso de porta não uniforme resultante do terceiro estágio complica a condição para fases de injeção óptimas. Para reduzir os atributos não uniformes no divisor, os atrasos de porta dos três estágios são selecionados para serem idênticos no centro da gama de sintonização de frequência. Consequentemente, pode ser aplicada uma diferença de fase constante para as injecções de entrada, de modo a distribuir o LR por toda a largura de banda de funcionamento de 12 GHz e 15 GHz.

Um RO-ILFD de divisão por 8 relatado em (Cheng et al. 2007) é composto por quatro D-latches lógicos de modo de corrente MOS (MCML) conectados na forma de um RO de 4 estágios (Figura 34). Os sinais diferenciais de entrada são injectados nos terminais de relógio de cada fase do trinco. Os sinais diferenciais de saída podem ser retirados do terminal de dados de qualquer um dos quatro estágios. O LR sobre a frequência central é de cerca de 50% enquanto opera em frequências de 6 a 15 GHz. O seu LR também se mantém simétrico em torno da SRF sob diferentes níveis de potência de entrada. O MCML RO-ILFD tem a vantagem de ter um rácio de divisão elevado, no entanto, o seu consumo de energia estática e a complexidade do desenho do circuito podem ser preocupações cruciais em operações de frequência muito elevada.

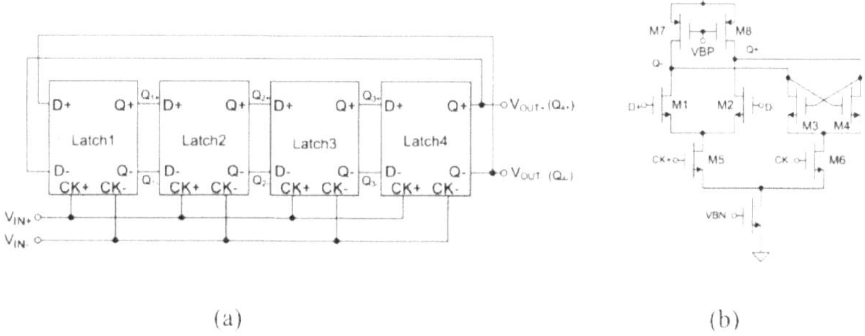

(a)   (b)

Figura 34 D-latch MCML de quatro estágios e divisão por 8 a) RO-ILFD b) célula de atraso.

Fonte: (Cheng et al. 2007)

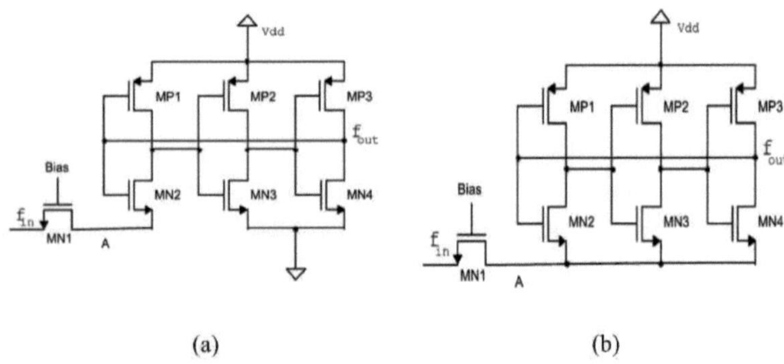

Figura 35 Circuitos RO-ILFD do tipo inversor (a) Div/2 e (b) Div/3.

Fonte: (Yu et al. 2007)

As topologias RO-ILFD de três estágios configuradas com porta comum descritas por Yu et al. (2007) foram concebidas para operações de divisão por 3 e divisão por 2 (Figura 35a e 2.85b). O transístor de cauda NMOS é o estágio de entrada para injeção e polarização. Para a divisão por 2, o primeiro estágio é designado como um misturador e os outros dois estágios têm terra comum. No caso da divisão por 3, pelo contrário, os nós fonte dos três inversores estão ligados ao transístor de cauda NMOS, que actua como misturador. Uma vez que estes tipos de estádios de ganho dos ILFD são de terminação única, os seus consumos de energia são inferiores aos dos ILFD de estádios de ganho diferencial do tipo injeção de cauda anteriormente referidos.

Uma RO-ILFD de modo dividido por 2 realizada em Yamamoto & Fujishima (2005) é incorporada com um anel de inversores NMOS de 3 estágios com carga ativa PMOS (Figura 36). O sinal de entrada é injetado diretamente no terminal de porta de um interrutor NMOS colocado nos nós de saída do segundo e terceiro estádios. A mistura dos sinais é efectuada por um interrutor NMOS que introduz um desvio da tensão contínua entre estes dois estádios. A saída do divisor é de facto quase-diferencial em vez da saída convencional totalmente diferencial. Quando o interrutor NMOS é ligado, os nós de saída do segundo e terceiro estágios são colocados em curto-circuito, e as duas saídas quase-diferenciais são forçadas a ser iguais. Os picos positivos do sinal de entrada são bloqueados nos pontos de cruzamento zero da tensão de saída quase-diferencial (Vout+, Vout-) num estado bloqueado. Durante a situação de bloqueio, a frequência de saída é igual a metade da frequência de entrada, porque há um ponto de pico por período de entrada e dois pontos de passagem por zero por sinal de saída. Para frequências de onda mm, a eficiência de injeção do ILFD quase diferencial é gravemente afetada sempre que o desvio de fase aumenta com a frequência de injeção. Porque o interrutor NMOS não pode funcionar corretamente sem um tamanho de transístor meticulosamente concebido durante aplicações de frequência muito elevada. Para atenuar esta preocupação, foi discutida em (Sim et al. 2009) uma técnica única de injeção de um sinal de entrada monofásico direto nos três nós de retorno do RO-ILFD de 3 fases. Neste caso, são incluídos três condensadores metal-isolador-metal (MIM) através dos quais é injetado um sinal de entrada que substitui o interruptor NMOS de (Yamamoto & Fujishima 2005). As vantagens deste circuito são o multi-módulo e os elevados rácios de divisão em bandas de ondas mm. Mas a principal desvantagem do ILFD é a sua estreita gama de bloqueio e a enorme dissipação de potência na frequência de entrada de 30 GHz.

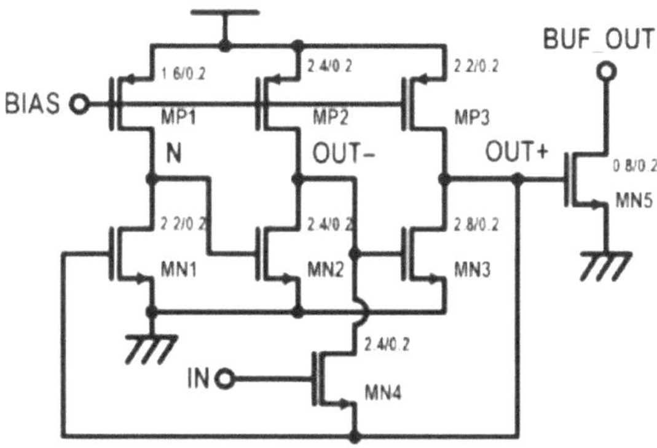

Figura 36 RO-ILFD do tipo inversor NMOS de três fases.

Fonte: (Yamamoto & Fujishima 2005)

A Tabela 4 apresenta as técnicas de bloqueio por injeção dos RO-ILFDs contemporâneos e os respectivos resultados em termos de frequência de funcionamento, gama de bloqueio, potência de entrada, tensão de alimentação, consumo de energia CC e dimensão das caraterísticas CMOS.

A frequência de funcionamento do RO-ILFD é definida pela velocidade do bloco seletivo de frequência construído pelo RO. Os divisores de alta frequência de funcionamento dissipam muita energia. Por exemplo, o circuito de divisão por quatro concebido por Chien & Lu (2007) pode dividir a frequência de 40 GHz à custa de 24 mW de potência. Em cada RO-ILFD, o ganho do RO depende do número de estágios de atraso, do tamanho dos transístores, do desenho do layout de cada estágio e das condições de polarização adequadas. Para arrancar com uma SRF elevada na RO, é necessária uma carga resistiva elevada para obter um ganho de tensão elevado, o que impõe restrições às opções de conceção dos condensadores. A transcondutância (gm) do transístor de comutação ou de injeção é uma das peças-chave do projeto do RO-ILFD para obter um ganho de circuito fechado suficiente para um funcionamento em larga escala. A conceção de um transístor de injeção de grandes dimensões conduz a uma transcondutância (gm) mais elevada, mas a capacitância parasita também se torna mais elevada. Esta situação difícil impõe um limite superior para o tamanho do transístor de injeção, dependendo da transcondutância adequada e da frequência máxima de funcionamento.

Tabela 4 Resumo do estado da arte dos circuitos FD.

Reference	Input frequency (GHz)	LR (GHz)	Division ratio	Supply voltage (V)	Power dissipation (mW)	CMOS Process (μm)
Betancourt - Zamaro et al. (2001)	2.8	0.025	4	3	0.99	0.24
Yamamoto et al. (2005)	4.3	2.3	2	0.7	0.044	0.2
Lu & Chien (2005)	16.6-25.2	5.4	2	1.8	21	0.18
Chuang et al. (2006)	1.95-5.5	3.55	2	1.8	17.6	0.18
Chien & Lu (2007)	40	1.4	4	1.8	<24	0.18
Jang et al. (2007)	5.39-6.12	0.73	4	1.8	-	0.18
Cheng et al. (2007)	6.5	47%	8	1.8	3.6	0.18
Yu et al. (2007)	1.4	40%	3	0.8	0.24	0.18
Vijayaraghvan et al. (2009)	3.5	1.4	4	1.8	2	0.18
Sim et al. (2009)	30.95	0.26	9	1.8	12.5	0.18
Farazian et al.(2009)	65	1.5%	6	1.1	12.24	0.13
Li et al. (2013)	2.03-2.38	-	4	1.3	-	0.18

O projeto do divisor de frequência é muito importante para cumprir os requisitos do PLL. O número de células de atraso, bem como a arquitetura das células de atraso, afectam grandemente o esquema de divisão de frequências. Tanto para os RO-ILFD pseudo como para os totalmente diferenciais, o LR está invariavelmente associado à corrente de polarização, à tensão de alimentação, ao número de células de atraso em conjunto com o rácio de divisão, às técnicas de injeção de fase e à amplitude do sinal de injeção. Talvez a adoção de um rácio de divisão elevado para os RO-ILFD de micro-ondas e de ondas mm se torne uma solução eficiente e simples para a redução da potência. No entanto, ao aumentar a razão de divisão, o LR torna-se estreito, especialmente nas bandas de ondas mm, devido ao facto de a potência dos harmónicos mais elevados diminuir significativamente para uma razão de divisão elevada e, por conseguinte, a potência de injeção ser reduzida (Sim et al. 2009.

Os RO-ILFDs, que funcionam a frequências de micro-ondas e superiores, estão sujeitos a variações de processo e de temperatura, e estes efeitos provocam a deslocação do LR da banda desejada. Assim, a técnica de compensação do processo e da temperatura deve ser empregue para a estabilidade global do circuito. Além disso, o fornecimento de uma condição óptima de fase de entrada na técnica de injeção múltipla pode alargar eficazmente o LR dos divisores. Mas alargar o LR não é uma tarefa fácil de realizar sem utilizar um deslocador de fase externo no lado da entrada para obter as diferenças de fase exactas na saída.

Capítulo 7

RESUMO

Esta revisão tentou oferecer uma compreensão de cada módulo do circuito de fase bloqueada convencional com os seus problemas de conceção e desempenho. A panóplia de técnicas de conceção existentes para cada módulo do PLL foi explorada no estado da arte para ser implementada nos processos CMOS de redução de tamanho. Além disso, este livro destacou os problemas de desempenho relativamente às técnicas de conceção ilustradas em investigações anteriores. A revisão dos trabalhos de outros investigadores motivará os investigadores a trabalhar numa maior redução da potência com um desempenho ótimo e na implementação de módulos PLL simples e de pequenas dimensões totalmente integrados. Por conseguinte, as conclusões da revisão também ajudarão os engenheiros de conceção de RFIC a selecionar métodos de conceção adequados para um desempenho ótimo destes circuitos.

REFERÊNCIAS

Abidi, A.A. 2006. Phase noise and jitter in CMOS ring oscillators. IEEE Journal of Solid-State Circuits 41(8):1803-1816.

Abou El-Atta, M., M. Abou El-Ela & M. El Said 2002. Multiplicador de corrente de quatro quadrantes e sua aplicação como detetor de fase. Conferência de Radiociência, 2002.(NRSC 2002). Actas da 19ª Conferência Nacional. pp. 502-508.

Azqueta, C.S., Celma, S. & Aznar, F. 2011. Um VCO de anel CMOS de 0,18 µm para aplicações de recuperação de relógio e dados. Microelectronics Reliability 51(12):2351-2356.

Bahreyni, B., I. Filanovsky & C. Shafai 2002. Um novo design para uma bomba de carga rápida sem zona morta com baixo conteúdo harmónico na saída. Circuitos e Sistemas, 2002. MWSCAS-2002. O 45º Simpósio do Centro-Oeste de 2002. 3 pp. III-397- III-400 vol. 3.

Betancourt-Zamora, R.J., Verma, S. & Lee, T.H. 2001. Pré-escaladores de osciladores em anel CMOS de 1 GHz e 2,8 GHz bloqueados por injeção. *Procedimentos de VLSI Circuits Digest of Technical Papers*, Kyoto, Japão, pp. 47-50.

Cai, D., Fu, H., Chen, D., Ren, J., Li, W. & Li, N. 2010. Um Detetor de Fase/Frequência Melhorado e um Projeto de Bomba de Carga com Supressão de Falhas para Aplicações Pll. Tecnologia de circuitos integrados e de estado sólido (ICSICT), 2010 10th IEEE International Conference on, hlm. 773-775.

Chen, R. & W.-Y. Chen 2007. Um detetor de fase/frequência CMOS de aquisição rápida de alta velocidade para MB-OFDM UWB. *IEEE Transactions on Consumer Electronics* 1(53): 23-26.

Chen, W.-H., M. E. Inerowicz & B. Jung 2010. Detetor de frequência de fase com zona cega mínima para aquisição rápida de frequência. Circuitos e Sistemas II: Express Briefs, IEEE Transactions on 57(12): 936-940.

Chen, Z.-Z. & Lee, T.-C. 2011. O projeto e a análise de osciladores de anel de caminho de atraso duplo. IEEE Transactions on Circuits and Systems-I: Regular Papers 58(3):470-478.

Cheng, S., Tong, H., Martinez, J.S. & Karsilayan, A.I. 2007. Um divisor de frequência bloqueado por injeção de baixa potência totalmente diferencial dividido por 8 até 18 GHz. *IEEE Journal of Solid-State Circuits* 42(3):583-591.

Chien, J.-C. & Lu, L.-H. 2007. Análise e projeto de osciladores em anel bloqueados por injeção de banda larga com injeção de entradas múltiplas. *IEEE Journal of Solid-State Circuits* 42(9):1906-1915.

Choi, Y.-S. & D.-H. Han 2006. Bomba de carga com reforço de ganho para correspondência de corrente em loop bloqueado por fase. Circuitos e Sistemas II: Express Briefs, IEEE Transactions on 53(10): 1022-1025.

Chou, C.-P., Z.-M. Lin & J.-D. Chen 2004. Um detetor de fase-frequência de verificação de borda dupla de zona morta de 3 ps com frequências de operação de 4,78 GHz. Circuitos e Sistemas, 2004. Actas. Conferência IEEE Ásia-Pacífico de 2004. 2 pp. 937-940.

Chuang, Y.-H., Lee, S.-H., Jang, S.-L., Chao, J.-J. & Juang, M.-H. 2006. Um divisor de frequência de ampla faixa de bloqueio baseado em oscilador em anel. *IEEE Microwave and Wireless Components Letters* 16(8):470-472.

Danfeng, C., Junyan, R., Jingjing, D., Wei, L. & Ning, L. 2009. Um oscilador de anel de passagem múltipla baseado em loop de bloqueio de fase de loop duplo. Journal of Semiconductors 30(10):5 páginas.

De Jesus Gomez-Cruz, J., F. Sanchez-Hernandez, L. G. Gomez-Mora, E. Juarez-Hernandez e E. Martinez-Guerrero 2012. Projeto de uma bomba de carga CMOS programável para sintetizadores de loop bloqueado por fase. Procedia Technology 3: 235240.

Dehghani, R. 2006. Divisor de frequência em quadratura bloqueado por injeção de banda larga baseado em osciladores em anel CMOS. *IEE Proceedings Microwaves, Antennas and Propagation* 153(5):420-425.

Eken, Y.A. & Uyemura, J.P. 2004. Um oscilador em anel controlado por tensão de 5,9 GHz em CMOS de 0,18 μm. IEEE Journal of Solid-State Circuits 39(1):230-233.

Fahs, B., Ahmad, W.Y.A. & Gamand, P. 2009. Um oscilador de anel de dois estágios em 0,13 μm CMOS para rádio de impulso UWB. IEEE Transactions on Microwave Theory and Technique 57(5):1074-1082.

Farazian, M., Gudem, P.S. & Larson, L.E. 2009. Um divisor de frequência CMOS multifásico bloqueado por injeção para funcionamento em banda V. *IEEE Microwave and Wireless Components Letters* 19(4):239-241.

Farazian, M., Gudem, P.S. & Larson, L.E. 2010. Estabilidade e funcionamento de divisores de frequência regenerativos bloqueados por injeção. *IEEE Transactions on Circuits and Systems-I: Regular Papers* 57(8):2006-2019.

Fazeel, H., L. Raghavan, C. Srinivasaraman & M. Jain 2009. Redução da incompatibilidade de corrente na bomba de carga PLL. VLSI, 2009. ISVLSI'09. Simpósio Anual da Sociedade de Computadores do IEEE. pp. 7-12.

Hajimiri, A., Limotyrakis, S. & Lee, T.H. 1999. Jitter e ruído de fase em osciladores em anel. IEEE Journal of Solid-State Circuits 34(6):790-804.

Hegazi, E. M., H. F. Ragaie, H. Haddara & H. Ghali 1998. Uma nova arquitetura de sintetizador de frequência digital direto para transceptores móveis. *Circuitos e Sistemas, 1998. ISCAS '98. Actas do Simpósio Internacional do IEEE de 1998.* **3** pp. 647-650 vol.3.

Hsu, C.-w., K. Tripurari, S.-A. Yu & P. R. Kinget 2011. Um PLL de 2,2 GHz usando um detetor de fase-frequência com um detetor de fase de subamostragem auxiliar para supressão de ruído em banda. Conferência de Circuitos Integrados Personalizados (CICC), 2011 IEEE. pp. 1-4.

Hwang, M.-S., J.-H. Kim & D.-K. Jeong 2009. Redução da incompatibilidade da corrente da bomba no PLL da bomba de carga. Electronics Letters 45(3): 135-136.

Ismail, N. & M. Othman 2009. Um PFD CMOS simples para aplicações de alta velocidade. *Jornal Europeu de Investigação Científica* **33**(2): 261-269.

Jalil, J., Reaz, M.B.I., M.A.M. Ali & Chang, T.G. 2013. Um oscilador de anel controlado por tensão de 3 estágios de baixa potência no processo CMOS de 0,18 μm para transponder RFID ativo. Elektronika ir Elektrotechnika 19(8):69-72.

Jang, S.-L., Lee, C.-F. & Yeh, W.-H. 2008. Um divisor de frequência bloqueado por injeção de divisão por 3 com entrada de terminação única. *IEEE Microwave and Wireless Components Letters* 18(2):142-144.

Johansson, H. O. 1998. Um simples detetor de frequência de fase CMOS pré-carregado. SolidState

Circuits, IEEE Journal of 33(2): 295-299.

Joram, N., Wolf, R. & Ellinger, F. 2014. Bomba de carga Pll de alto balanço com redução de incompatibilidade de corrente. Cartas Electrónicas 50(9): 661-663.

Krishna, M.V., Do, M.A., Yeo, K.S., Boon, C.C. & Lim, W.M. 2010. Projeto e análise de relógio monofásico verdadeiro de ultrabaixa potência CMOS 2/3 prescaler. *IEEE Transactions on Circuits and Systems-I: Regular Papers* 57(1):72-82.

Kromer, C., Buren, G.V., Sialm, G., Morf, T., Ellinger, F. & Jackel, H. 2006. Um divisor de frequência estático de 40GHz com saídas em quadratura em CMOS de 80 nm. *IEEE Microwave and Wireless Components Letters* 16(10):564-566.

Lee, C.-F., Jang, S.-L. & Juang, M.-H. 2007. Um divisor de frequência bloqueado por injeção de Colpitts diferencial de gama de bloqueio alargada. *IEEE Microwave and Wireless Components Letters* 17(11):790-792.

Lee, J. & Razavi, B. 2004. Um divisor de frequência de 40 GHz em tecnologia CMOS de 0,18 μm. *IEEE Journal of Solid-State Circuits* 39(4):594-601.

Lee, K.-S., B.-H. Park, H.-i. Lee & M. J. Yoh 2003. Detectores de frequência de fase para aquisição rápida de frequência em CPPLLs de zona morta zero para sistemas de comunicação móvel. Conferência de Circuitos de Estado Sólido, 2003. ESSCIRC'03. Actas da 29ª Conferência Europeia. pp. 525-528.

Lee, T.H. & Hajimiri, A. 2000. Oscilador de ruído de fase: um tutorial. IEEE Journal of SolidState Circuits 35(3):326-336.

Leung, B. 2004. Um novo modelo de ruído de fase em oscilador de anel baseado no tempo da última passagem. IEEE Transactions on Circuits and Systems-I: Regular Papers 51(3):471-482

Leung, B.H. & Mcleish, D. 2009. Phase noise of a class of ring oscillators having unsaturated outputs with focus on cycle-to-cycle correlation. IEEE Transactions on Circuits and Systems-I: Regular Papers 56(8):1689-1707

Lin, B.-Y. & Liu, S.-I. 2011. Análise e projeto de divisores de frequência bloqueados por injeção de banda D. *IEEE Journal of Solid-State Circuits* 46(6):1250-1264.

Liu, H.Q., Siek, L., Goh, W.L. & Lim, W.M. 2008. Um oscilador de anel multiloop de 7 GHz em tecnologia CMOS de 0,18 μm. Analog Integrated Circuits and Signal Processing 56(3):179-184.

Liu, P., P. Sun, J. Jung & D. Heo 2012. Bomba de carga PLL com compensação adaptativa de body-bias para variação mínima de corrente. Cartas electrónicas 48(1): 16-18.

Liu, X., J. Jin, C. Mao & J. Zhou 2011. Detetor de frequência de fase extensível de faixa linear e bomba de carga para aquisição rápida de frequência. *Circuitos e Sistemas (ISCAS), 2011 IEEE International Symposium on.* pp. 985-988.

Lu, L.-H. & Chien, J.-C. 2005. Um oscilador de anel bloqueado por injeção CMOS de banda larga. *IEEE Microwave and Wireless Components Letters* 15(10):676-678.

Mansuri, M., D. Liu & C.-K. K. Yang 2001. Detectores de fase-frequência de aquisição rápida de frequência para loops bloqueados por fase GSa/s. Conferência de Circuitos de Estado Sólido, 2001. ESSCIRC 2001. Actas da 27ª Conferência Europeia. pp. 333336.

Milicevic, S. & L. MacEachern 2008. Um detetor de fase-frequência e um projeto de bomba de carga para aplicações PLL. Circuitos e Sistemas, 2008. ISCAS 2008. Simpósio Internacional do IEEE. pp. 1532-1535.

Minhad, K. N., M. B. I. Reaz & S. H. M. Ali 2015. Investigação de detectores de fase: Avanços em detectores de fase-frequência e tempo-digital maduros e emergentes em sistemas em loop bloqueados por fase. *Microwave Magazine, IEEE* **16**(11): 56-78.

Mirzaei, A., Heidari, M.E., Bagheri, R. & Abidi, A.A. 2008. A injeção multifásica alarga a gama de bloqueio dos divisores de frequência baseados em osciladores em anel. *IEEE Journal of Solid-State Circuits* 43(3):656-671.

Moghavvemi, M. & A. Attaran 2011. Revisão do desempenho de LC-VCO de alta qualidade, baixo ruído e banda larga de radiofrequência para comunicações sem fios [Notas de aplicação]. *Revista IEEE Microwave* **4**(12): 130146.

Park, C.-H., & Kim, B. 1999. Um VCO de 900 MHz de baixo ruído em CMOS de 0,6 µm. IEEE Journal of Solid-State Circuits 34(5):586-591.

Parvizi, M., Khodabakhsh, A. & Nabavi, A. 2008. A. VCOs de oscilador em anel CMOS de baixa potência e alta gama de regulação. Em Proceedings of IEEE ICSE pp. 40-44.

Paula, L.S., Bampi, S., Fabris, E. & Susin, A.A. Um oscilador em anel controlado por tensão diferencial CMOS de banda larga. In Proceedings of Joint 6th International IEEE Northeast Workshop on Circuits and Systems and TAISA Conference (NEWCAS-TAISA 2008), Montreal, QC, Canadá, 22-25 de junho de 2008, pp. 9-12.

Pellerano, S., Levantino, S., Samori, C. & Lacaita, A.L. 2004. Um sintetizador de frequência de 13,5 mW e 5 GHz com divisor de frequência dinâmico-lógico. *IEEE Journal of Solid-State Circuits* 39(2):378-383.

Perrott, M. H. 2009. Sintetizadores de frequência analógicos. IEEE Circuits Syst. Symp: 4346.

Razavi, B. 2002. Challenges in the design of high-speed clock and data recovery circuits (Desafios na conceção de circuitos de recuperação de dados e relógios de alta velocidade). *Revista IEEE Communications* **40**(8): 94-101.

Razavi, B. 2004. Um estudo de bloqueio e tração de injeção em osciladores. *IEEE Journal of Solid-State Circuits* 39(9):1415-1424.

Rhee, W. 1999. Projeto de bombas de carga CMOS de alto desempenho em loops bloqueados por fase. Circuitos e Sistemas, 1999. ISCAS'99. Actas do Simpósio Internacional IEEE de 1999. pp. 545-548.

Rhee, W., B. Zhou & Z. Wang 2011. Síntese de frequência N-fraccionada: Visão geral e perspectivas de design. *Tecnologia de integração de radiofrequência (RFIT), 2011 IEEE International Symposium on.* pp. 125-128.

Riddle, A. 2010. Uma longa estrada sinuosa. IEEE Microwave Magazine 11(6):70-81.

Savoj, J. & Razavi, B. 2001. Um circuito de recuperação de dados e relógio CMOS de 10 Gb/s com um detetor de fase linear de meia taxa. IEEE Journal of Solid-State Circuits 36(5):761- 768.

Shiau, M.-S., H.-S. Hsu, C.-H. Cheng, H.-H. Weng, H.-C. Wu & D.-G. Liu 2013. Redução da incompatibilidade de corrente na bomba de carga CMOS switches-in-source. Microelectronics Journal 44(12): 1296-1301.

Shima, T., Sato, J. & Kobayashi, M. 2013. Divisor de frequência bloqueado por injeção e circuito

PLL. *Patente US* 8466721 B2.

Sim, S., D.-W. Kim & S. Hong 2009. Um divisor de frequência CMOS bloqueado por injeção direta com rácios de divisão elevados. *Microwave and Wireless Components Letters, IEEE* **19**(5): 314-316.

Singh, U. & Green, M.M. 2005. Divisores de relógio CML de alta frequência em CMOS de 0,13 μm operando até 38 GHz. *IEEE Journal of Solid-State Circuits* 40(8):1658-1661.

Soh, L. K., M.-S. Sulaiman & Z. Yusoff 2008. Uma arquitetura de loop de bloqueio rápido com bloqueio de atraso com PFD pré-carregado melhorado. *Circuitos Integrados Analógicos e Processamento de Sinais* **55**(2): 149-154.

Soh, L.-K. & Y.-F. K. Edwin 2009. Um detetor de frequência de fase de pulso de reset ajustável para loop de fase bloqueada. Design Eletrónico de Qualidade, 2009. ASQED 2009. 1º Simpósio Asiático sobre. pp. 343-346.

Sujatha e R.S.D. Banu 2012. Loop de bloqueio de fase de bomba de carga de alto desempenho com baixa incompatibilidade de corrente. , Revista Internacional de Ciência da Computação 9(1): 442-448.

Sun, Y., L. Siek & P. Song 2007. Projeto de um circuito de bomba de carga de elevado desempenho para circuitos fechados em fase de baixa tensão. Circuitos Integrados, 2007. ISIC'07. Simpósio Internacional sobre. pp. 271-274.

Tak, G.-Y., S.-B. Hyun, T. Y. Kang, B. G. Choi & S. S. Park 2005. Um pll de assentamento rápido de 6,3-9-ghz cmos para aplicações mb-ofdm uwb. *Solid-State Circuits, IEEE Journal of* **40**(8): 1671-1679.

Tasca, D., M. Zanuso, G. Marzin, S. Levantino, C. Samori & A. L. Lacaita 2011. A PLL digital de n fracionário de 2,9-4,0 GHz com detetor de fase bang-bang e jitter integrado de 560 a 4,5 MW de potência. *Solid-State Circuits, IEEE Journal of* **46**(12): 2745-2758.

Thakore, K. P., H. C. Parmar & N. Devashrayee 2011. Detetor de frequência de fase de baixa potência e baixo jitter para loop de bloqueio de fase. *Int. Journal of Engineering Science and Technology* **3**(3): 1998-2004.

Tiao, Y.-S. & Sheu, M.-L. 2010. Oscilador de anel controlado por tensão de faixa completa em CMOS de 0,18 μm para operação em baixa tensão. Electronics Letters 46(1):30-32.

Tsai, K.-H. & S.-I. Liu 2012. Um loop de bloqueio de fase de 104 GHz usando um VCO na frequência do segundo pólo. *Sistemas de integração em escala muito grande (VLSI), IEEE Transactions on* **20**(1): 80-88.

Tu, W.-H., Yeh, J.-Y., Tsai, H.-C. & Wang, C.-K. 2004. Um VCO em anel de dois estágios de entrada dupla CMOS de 1,8 V 2,5-5,2 GHz. Actas da Conferência IEEE Ásia-Pacífico sobre Circuitos Integrados de Sistemas Avançados (AP-ASIC 2004), pp. 134-137.

Turker, D.Z., Khatri, S.P. & Sanchez-Sinencio, E. 2011. Uma célula de atraso DCVSL para aplicações rápidas de síntese de frequência de baixa potência. IEEE Transactions on Circuits and Systems-I: Regular Papers 58(6):1225-1238.

Vijayaraghavan, R., Islam, S.K., Haider, M.R. & Zuo, L. 2009. Divisor de frequência de banda larga bloqueado por injeção baseado num oscilador em anel com compensação de processo e temperatura. *IET Circuits, Devices & Systems* 3(5):259-267.

Weiping, C., F. Qiang, Y. Yuan, S. Ran, L. Yaoguang & L. Xiaowei 2011. Projeto de loop bloqueado de fase de bomba de carga no sensor micro-inercial. Optoelectrónica e Tecnologia Microeletrónica (AISOMT), Simpósio Internacional Académico de 2011. pp. 246-250.

Xiangning, F., L. Bin, Y. Likai & W. Yujie 2012. Detetor de frequência de fase CMOS e bomba de carga para redes de sensores sem fio. *Série de workshops de micro-ondas sobre tecnologia e aplicações sem fio de ondas milimétricas (IMWS), 2012 IEEE MTT-S International.* pp. 1-4.

Yamamoto, K. & Fujishima, M. 2005. Um divisor de frequência bloqueado por injeção de 44-μW 4.3-GHz com gama de bloqueio de 2.3-GHz. *IEEE Journal of Solid-State Circuits* 41(2):433-442.

Yu, X.P., Anh, M., Ma, J.-G., Lim, W.M., Yeo, K.S. & Yan, X.L. 2007. Divisor de frequência bloqueado por injeção de baixa potência e gama ampla sub-1 V. *IEEE Microwave and Wireless Components Letters* 17(3): 528-530.

Yuan, F. 2006. Um oscilador em anel controlado por tensão Park-Kim modificado para ligações em série multi-Gbps. *Analog Integrated Circuits and Signal Processing* **47**(3): 345-353.

Zaziabl, A. 2010. Loop de bloqueio de fase de bomba de carga de 1 GHz de baixa potência no processo CMOS de 0,18 μm. Projeto misto de circuitos e sistemas integrados (MIXDES), Actas de 2010 da 17.ª Conferência Internacional. pp. 277-282.

Zheng, H. & Luong, H.C. 2008. Divisores de frequência de 20 GHz de tensão ultrabaixa usando feedback de transformador no processo CMOS de 0,18 μm. *IEEE Journal of SolidState Circuits* 43(10):2293-2302.

Zheng, S. & Li, Z. 2011. Uma nova bomba de carga CMOS com alto desempenho para sintetizador de loops bloqueados por fase. *Communication Technology (ICCT), 2011 IEEE 13th International Conference on*, hlm. 1062-1065.

Zhiqun, L., Z. Shuangshuang & H. Ningbing 2011. Projeto de uma bomba de carga CMOS de alto desempenho para sintetizadores de loop de fase bloqueada. Journal of Semiconductors 32(7): 075007.

Zhou, J. & Wang, Z. 2008. Uma bomba de carga Cmos de alto desempenho para loops bloqueados por fase. Tecnologia de Micro-ondas e Ondas Milimétricas, 2008. ICMMT 2008. Conferência Internacional sobre, hlm. 839-842.

Zhou, Y. & Yuan, F. 2011. Um estudo da gama de bloqueio de osciladores CMOS de indutor ativo bloqueados por injeção utilizando uma abordagem de sistema de controlo linear. *IEEE Transactions on Circuits and Systems II: Express Briefs* 58(10):627-631

I want morebooks!

Buy your books fast and straightforward online - at one of world's fastest growing online book stores! Environmentally sound due to Print-on-Demand technologies.

Buy your books online at
www.morebooks.shop

Compre os seus livros mais rápido e diretamente na internet, em uma das livrarias on-line com o maior crescimento no mundo! Produção que protege o meio ambiente através das tecnologias de impressão sob demanda.

Compre os seus livros on-line em
www.morebooks.shop

Printed by Books on Demand GmbH, Norderstedt / Germany